Artificial Intelligence for IT Operations

AIOps入門
エーアイオプス

AIを用いてIT運用の効率化・高度化を実現させるための手法

澤橋松王 〈監修〉
増田みさお、劉功義、
伴俊秀、山田大輔 〈著〉

C&R研究所

■本書の内容について

● 本書は著者・編集者が実際に操作した結果を慎重に検討し、著述・編集しています。ただし、本書の記述内容に関わる運用結果にまつわるあらゆる損害・障害につきましては、責任を負いませんのであらかじめご了承ください。

● 本書は2022年12月現在の情報で記述しています。

● **本書の内容についてのお問い合わせについて**

　この度はC&R研究所の書籍をお買いあげいただきましてありがとうございます。本書の内容に関するお問い合わせは、「書名」「該当するページ番号」「返信先」を必ず明記の上、C&R研究所のホームページ(https://www.c-r.com/)の右上の「お問い合わせ」をクリックし、専用フォームからお送りいただくか、FAXまたは郵送で次の宛先までお送りください。お電話でのお問い合わせや本書の内容とは直接的に関係のない事柄に関するご質問にはお答えできませんので、あらかじめご了承ください。

〒950-3122 新潟県新潟市北区西名目所4083-6　株式会社 C&R研究所　編集部
FAX 025-258-2801
『AIOps入門』サポート係

はじめに

　デジタル化の急速な進展で、社会や産業を支えるITの重要性は増すばかりです。ITがビジネスの活動に直結し、人々はスマートフォンを使って企業の提供するITサービスを利用しています。また、クラウドサービスの浸透によりサービスが動く環境は、複数のクラウドサービス、データセンターを組み合わせたハイブリッド・マルチクラウドで実現するようになってきています。

　このような複雑化するITが変化に対応して正しく動き続けることを、ITを運用する組織やシステムが支えています。

　しかしながらIT運用はエンジニアやオペレータといった人により支えられており、ハイブリッド・マルチクラウドで複雑化した環境において作業負荷の増大や障害対応が長時間化によって社会に対しても大きな影響を与えるようになっています。また、人手で運用する限りは人為的なミスも避けられないという事実があります。このプレッシャーによりIT運用に関わる人の疲弊や後継者問題も叫ばれるようになってきています。

　このような課題に対してIT運用にAIの技術を活用して解決を図るAIOpsが注目を浴びています。AIOpsはITとその運用で発生するデータをデータレイクに蓄積して分析し、その結果をもとにエンジニアへの通知や回復処理といった対応を自動的に実施する技術です。

　この技術の活用によりITサービスの信頼性を高めて、変化にも柔軟・迅速に対応することが期待されています。

　本書ではまずこのAIOpsが求められる背景とIT運用を整理することで、AIOpsに求められる運用品質の標準化、障害原因特定を容易にするといった要件を明らかにします。また、「信頼性」「オープン」「グリーン」の課題、「働き方」の課題への適用事例を紹介し、AIOpsの機能領域と機能を解説します。

さらにAIOpsを実現するためのステップとロードマップを紹介して初期の検討をはじめるところから使いこなすまでをお話ししながら、陥りやすいつまずきポイントと対処の仕方を共有します。最後に近未来のITに対してAIOpsが実現する運用を考察します。

　本書を活用いただくことで従来のIT運用を高度化し、変化するビジネスに対して柔軟かつ迅速に対応することができるようになります。

　本書がIT運用の効率化・高度化・働き方の改革を望む読者に、AIを活用した運用変革を推進する一助となることを願っています。

2022年12月

著者一同

本書について

📦 本書の構成

本書は、次の章から構成されています。

- CHAPTER 01：AIOpsとは
- CHAPTER 02：IT運用が支える現代の暮らし
- CHAPTER 03：IT運用の課題とあるべき姿
- CHAPTER 04：AIOpsの適用事例
- CHAPTER 05：AIOpsで活用される技術・アルゴリズム
- CHAPTER 06：AIOpsの実践
- CHAPTER 07：AIOps活用のヒント
- CHAPTER 08：AIOpsが拓く近未来の運用

CHAPTER 01「AIOpsとは」では、AIOpsの定義、IT運用で活用されるAIの種類、なぜ今AIが着目されるのかということについて解説します。

CHAPTER 02「IT運用が支える現代の暮らし」では、「社会や産業を支えるInformation Technology（IT）は現代社会にとってなくてはならないものであり、現代の暮らしを支えているのはIT運用の組織やシステムである」ということについて解説します。

CHAPTER 03「IT運用の課題とあるべき姿」では、IT運用の定義、ハイブリッド・マルチクラウド時代におけるIT運用の課題とあるべき姿について解説します。

CHAPTER 04「AIOpsの適用事例」では、AIOpsを活用し、IT運用の課題を解決した事例について、背景や適用したソリューションなどを中心に解説します。活用した技術やアルゴリズムについての詳細は、CHAPTER 05で解説します。

CHAPTER 05「AIOpsで活用される技術・アルゴリズム」では、AIOpsの4つの機能領域を紹介し、領域ごとの機能の詳細、具体的な技術の例を紹介します。

CHAPTER 06「AIOpsの実践」では、AIOpsをIT運用の現場で実践する進め方について解説します。また、実践例としてDynatraceを用いてシステム異常のアノマリー検知の自動通知を実現する簡単な手順を紹介します。

CHAPTER 07「AIOps活用のヒント」では、AIOpsの実装を進める上でつまずきやすいポイントと、それぞれを解決しうまく進めるためのヒントを解説します。

CHAPTER 08「AIOpsが拓く近未来の運用」では、近未来のITの方向性とAIOpsが果たす役割、持続可能性やビジネスと一体化するIT運用への貢献を考察します。

🎁 対象読者について

本書は、次のような読者に向けて構成されています。

- IT部門の効率化・高度化を望む経営者
- 情報システム部門リーダー層
- IT運用担当者
- ITエンジニア
- ITアーキテクト
- SRE(Site Reliability Engineer)

目次 *contents*

●はじめに ……………………………………………………………………… 3

●本書について ……………………………………………………………… 5

⊕ CHAPTER-01

AIOpsとは

□1 　AIOpsの定義 ………………………………………………… 14
　　　●IT運用で活用されるAI技術 ………………………………………14

□2 　なぜ今AIOpsが着目されるのか ……………………………… 16
　　　●運用現場には大量のデータが眠っている ………………………16
　　　●AI技術を取り入れたツールが手軽に使えるようになってきている …………16
　　　●運用現場での人材不足の解消 ……………………………………17

□3 　本章のまとめ ………………………………………………… 19

⊕ CHAPTER-02

IT運用が支える現代の暮らし

□4 　IT運用が支える現代の暮らし ………………………………… 22

□5 　IT障害が与える社会への影響の例 …………………………… 23

□6 　あのときAIOpsがあったら…… …………………………… 24

□7 　社会インフラを影で支え続けるIT運用部門の人々 ………… 25

□8 　本章のまとめ ………………………………………………… 27

⊕ CHAPTER-03

IT運用の課題とあるべき姿

09	IT運用とは ……………………………………………………	30
10	IT運用の目的と構成要素 …………………………………	31
	COLUMN IT運用プロセスと主な機能要件例 ………………………	33
11	テクノロジーの進化によるIT運用の変遷 ………………	34
	● 1970年代～1980年代のITと運用 …………………………………	34
	● 1980年代～1990年代のITと運用 …………………………………	35
	● 2000年代～2020年代のITと運用 …………………………………	36
	COLUMN クラウドの利用形態と運用役割分担 ……………………	37
12	ハイブリッド・マルチクラウド時代に求められる運用とは…………	38
	● ハイブリッド・マルチクラウドとは …………………………………	38
	● ハイブリッド・マルチクラウド環境における運用課題 ………………	39
	● ハイブリッド・マルチクラウド運用に求められる要件 ………………	40
	● ハイブリッド・マルチクラウド運用のあるべき姿 …………………	41
13	本章のまとめ ………………………………………………	43

⊕ CHAPTER-04

AIOpsの適用事例

14	AIOps適用事例 ……………………………………………	46
15	「信頼性」「オープン」「グリーン」に関する課題の事例 ………………	47
	● 課題 ………………………………………………………………	47
	● ソリューション …………………………………………………	48
	● 効果 ………………………………………………………………	48
	● 活用したAIOpsの技術・アルゴリズム …………………………	49
16	「働き方」に関する課題の例 ………………………………	50
	● 課題 ………………………………………………………………	50
	● ソリューション …………………………………………………	51
	● 効果 ………………………………………………………………	51
	● 活用したAIOpsの技術・アルゴリズム …………………………	52
17	本章のまとめ ………………………………………………	53

⊕ CHAPTER-05
AIOpsで活用される技術・アルゴリズム

18	AIOpsの機能領域	56

19 **データ収集・蓄積** …………………………………………… 57
- データ種別 …………………………………………………57
- データソース ………………………………………………59
- データ収集 …………………………………………………60
- データ蓄積 …………………………………………………63

20 **分析** ……………………………………………………………… 64
- アノマリー検知 ……………………………………………64
- メトリクスのアノマリー検知 ……………………………64
- ログのアノマリー検知 ……………………………………67
- トポロジーの把握 …………………………………………70
- 根本原因分析 ………………………………………………71
- 影響範囲分析 ………………………………………………73
- 推奨アクション ……………………………………………75
- セキュリティ分析 …………………………………………77

21 **実行** ……………………………………………………………… 79
- 意思決定支援 ………………………………………………79
- 自動処理 ……………………………………………………82

22 **コラボレーション** ………………………………………… 87
- ツール間の連携 ……………………………………………87
- 人との連携 …………………………………………………88

23 **本章のまとめ** ………………………………………………… 91

⊕ CHAPTER-06

AIOpsの実践

24	AIOpsの実践の全体像	94
25	AIOps活用のステップ	96
	● ステップ1：目標設定	96
	● ステップ2：あるべき姿の検討	97
	● ステップ3：試行・効果測定	102
	● ステップ4：展開・継続的改善	105
26	Dynatraceを用いた「アノマリー検知」実装手順	107
	● DynatraceのSaaSトライアルの申し込み（約5分）	107
	● Dynatraceエージェント（OneAgent）の導入（約5分〜10分）	110
	● Alerting Profileの設定（約10分/スキップ可）	116
	● Problem Notificationの設定（約5分）	117
	● Davis AIが検知する異常状態について（AIの動きを知る）	120
27	AIOps実現のロードマップ	121
	● 期間をかけて複数の機能を実装する	121
	● いつロードマップを考えるか	124
28	本章のまとめ	126

⊕ CHAPTER-07

AIOps活用のヒント

29	AIOpsの実践における「つまずきポイント」と「解決のヒント」	128
30	あいまい・不明瞭な目標設定	129
	● 解決のヒント：課題ベースで目標設定を行う	129
	● 解決のヒント：組織の戦略として位置付ける	131
	● 解決のヒント：AIOpsの適用を検討すべき対象の特徴から考える	132
31	AIOpsの適用対象を定められない	133
	● 解決のヒント：PoCを実施する	133
	● 解決のヒント：過去の大きな問題で行った対応の自動化を考える	134
32	コスト回収計画を立てることができない	136
	● 解決のヒント：効果の刈り取りを意識しながらタスクを進める	136

３３ 実運用へ適用ができない ……………………………………………… 137
●解決のヒント：実適用に向けた目標を定めAIOpsの展開を継続する …… 137
●解決のヒント：AIの動作を正しく理解する ………………………… 138
３４ 本章のまとめ ………………………………………………………… 139

CHAPTER-08

AIOpsが拓く近未来の運用

３５ 近未来のITと自律化 ………………………………………………… 142
COLUMN デジタルツイン ………………………………………… 144
３６ 持続可能性への貢献……………………………………………………… 145
３７ ビジネスとIT運用の一体化 ……………………………………… 147
３８ 本章のまとめ ………………………………………………………… 149

●おわりに ……………………………………………………………… 150
●索 引 ……………………………………………………………… 152

CHAPTER
01
AIOpsとは

>>> **本章の概要**

　本章ではAIOpsの定義、IT運用で活用されるAIの種類、なぜ今AIOpsが着目されるのかということについて解説します。

AIOpsの定義

AIOps(Artificial Intelligence for IT Operations)とは、IT運用に関するデータをAIを活用して分析し、IT運用の効率化・高度化を実現させるための手法です。

たとえば、ネットワークのレスポンスが普段より遅いことをいち早く検知し障害の予兆として知らせる、IT障害発生時に過去の類似障害と解決法を提示する、などの実用例があります。

● IT運用で活用されるAI技術

AI＝人工知能と聞くと、どのようなものをイメージされるでしょうか。

- 人間のように、見たり、聞いたり、話したりできるコンピュータ
- 自動運転や医療画像診断のように、特定の分野で人間の作業を代替できる技術

これらはすべてAIとされていますが、前者のように、人間の脳のようにさまざまな状況に柔軟に対応して自律的に判断するAIは**汎用的AI**と定義されます。「汎用的AI」は未だ発展途上の技術です。

一方、後者のように、特定の分野で与えられた情報をもとに判断や自動処理を実行するAIは**特化型AI**と定義され、さまざまな分野で実用化されつつあります。

◉ AIの分類

汎用型AI	特化型AI
・人間のようにふるまうコンピューター ・SFのアンドロイドのようなもの ⬇ いまだ実用化されていない	・自動運転技術 ・医療画像診断 ・自動翻訳 ⬇ さまざまな分野で実用化

　「特化型AI」の根幹となる技術が**機械学習**です。「機械学習」とは、コンピューター（機械）が数値やテキスト、画像、音声などのさまざまかつ大量のデータから自動で学習し、ルールやパターンを発見する技術です。その結果をもとに、予測や自動処理といったタスクを自動で実行します。

●AIと機械学習

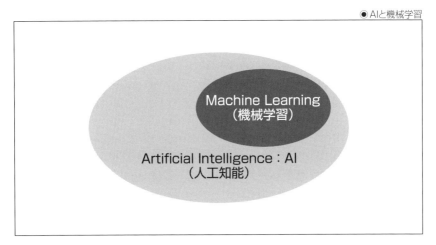

　IT運用におけるAIも、この「機械学習」が主に活用されています。たとえば、障害の発生していない正常運用時のパフォーマンスデータを一定期間学習させ、普段と異なるパターン（アノマリー）が検知されるとアラートとして通報する、という使用法があります。

なぜ今AIOpsが着目されるのか

なぜ今、AIOpsが着目されはじめているのでしょうか。本節では、運用に集まるデータの活用、AI技術の進化、IT技術者の不足の3つの観点から考察します。

🔲 運用現場には大量のデータが眠っている

IT運用の現場では、日々、さまざまなデータが蓄積されています。業務アプリケーションのログ、システムのパフォーマンスデータ、システム監視のアラート、アクセスログなど、数え上げれば切りがありません。これらのデータはシステムにエラーが起こっていないか、ユーザーが快適に使えるパフォーマンスが出ているか、不正なアクセスがないかなど、目的ごとに収集され、監視や報告書作成に利用されています。収集されたデータは表計算ソフトなどを使って分析し、手作業で報告書が作成されており、多くの工数が費やされています。しかし、内容はシステムの稼働状況に関する報告がほとんどで、集められたデータの一部しか活用できていないのが現状です。

ITを利用している業務部門は、システムの稼働状況ではなく、**ビジネス戦略の立案や商品開発などにインサイトを与えてくれるような情報**を求めています。運用現場に集まるさまざまなデータをビジネスへの提言に利用できないか、という観点で、AIOpsは注目されはじめています。

🔲 AI技術を取り入れたツールが手軽に使えるようになってきている

AIOpsが着目される2つ目のポイントとして、AI技術の中でも数値で取得できるデータを用いた機械学習の技術が成熟し、**クラウドサービスや監視ツールの一機能として提供されてきている**ことがあります。

特にクラウドサービスによる機械学習は、一定期間の無料試用などが提供されていることも多く、もともと運用現場で取得しているデータで気軽に検証を始められるという環境が整ってきています。運用のデータは、大別すると数値かテキストのログかに分かれますが、数値のデータは機械学習による数理モデルとの相性がよく、大量のデータを瞬時にモデル化してくれるので、人の目で気付かないことを発見できるということも魅力です。

一方、運用のテキストログについては扱えるツールは限られますが、先進的なベンダーやサービスインテグレーターから機械学習による分析ができるツールが出てきています。たとえば大量のログを1箇所に集め(**データレイク**)、さまざまなログの組み合わせのパターン(**ベースライン**)を自動解析し、いつもと異なる出力パターンを検知すると**アノマリー**として通知するなどの例があります。また、インシデント管理ツールと障害アラートを組み合わせ、過去の障害の記録から**推奨策(Actionable Insights)**を提示できるツールもあります。

ただ、日本語のテキストデータを扱う場合は、数値に比べてデータの成形(改行、NULLデータ、全角スペース、特殊文字の置換えなど)に手間がかかるため、技術者にも高いスキルが求められます。

● データ種に適したAIの使い方例

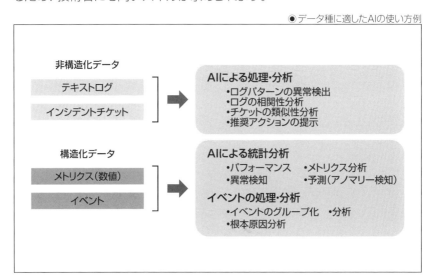

🔹 運用現場での人材不足の解消

AIOpsが着目される3つ目のポイントとして、**運用現場でのIT人材不足**があります。令和3年の総務省による情報通信白書の中でも、IT人材の不足が課題と述べられています。IT人材の量について、「大幅に不足している」または「やや不足している」という回答の合計は、89.0%に達しています。また、高度なICTスキルやアジャイル開発など新しい分野に対応できる人材が強く求められていますが、IT人材の質についても、「大幅に不足している」または「やや不足している」という回答の合計は、90.5%にも達しています。

　中でもIT運用の業務は、深夜や休日のシフト勤務があり、数十年と蓄積されてきている多様なノウハウを引き継いでいく必要もあり、若い技術者が定着し難いという課題も抱えています。

　このような課題に対し、高度な判断を必要とする業務を経験の浅い技術者が対応できるように変革するために、AIの判断を活用するということが求められています。AIの活用により、深夜や休日の高スキル技術者の呼び出しを削減し、運用コストを削減することも実現可能となります。

　また、AIのような先進技術を活用すること自体が、若手運用技術者のモチベーションを上げ、魅力的な職場へと変革していくことにつながるという効果も期待されています。

本章のまとめ

本章では下記について学びました。

- AIOpsとは、運用データをAIを活用して分析し、IT運用の効率化・高度化を実現させるための手法
- AIには汎用型AIと特化型AIがある
- IT運用に使われるのは特化型AIである
- AIOpsでは機械学習の技術が多く用いられている
- AIOpsが着目される理由
  - 運用データのビジネスへの活用
  - 手軽に使えるAIを搭載したツールの出現
  - 魅力ある職場への改革

CHAPTER
02
IT運用が支える
現代の暮らし

▶▶▶ 本章の概要

　本章では、「社会や産業を支えるInformation Technology
(IT)は現代社会にとってなくてはならないものであり、現代の
暮らしを支えているのはIT運用の組織やシステムである」という
ことについて解説します。

IT運用が支える現代の暮らし

　現代の生活にとって、**ITは社会や産業を支える重要なインフラの一部**となっています。製造業のサプライチェーンの管理、金融取引、航空機の予約管理など、ITシステムがなくては業務の遂行が不可能であるといっても過言ではありません。これらの業務が滞りなく遂行されるよう、ITシステムを稼働させ、管理することがIT運用の最も重要なミッションです。たとえば、大規模な製造業の業務がシステム障害で1時間停止すると、そのビジネス上の損失は数億円にも及ぶこともあります。

　また、企業のシステムは企業内だけで完結しているものではなく、ネットワークを通じて他の企業と繋がり経済のエコシステムを形成しています。1つの企業のシステム障害が、多くの企業の業務に想定外の影響を与えてしまうことも起こりえます。

IT障害が与える社会への影響の例

　IT障害が社会へ大きな影響を与えた顕著な例が、2022年7月に発生した通信会社の通信障害です。3日に渡り携帯電話がほぼ通じなくなるという大規模な障害で、3000万人以上のユーザーに影響がありました。この影響は個人ユーザーだけに留まらず、宅配業者の配達状況がわからなくなる、交通系ICカードが使えなくなるなど、**社会に大規模な影響**を及ぼしました。

● 通信障害が与えて影響

　この大規模障害のきっかけは、ネットワーク機器の保守作業の人為的なミスです。たった15分の通信障害がきっかけですが、その間にできなかった接続要求が次々と発生し、ネットワークの通信が渋滞する「輻輳」という状況を引き起こしました。この状態がデータベースのデータの不一致など、別の障害の引き金となり、障害の連鎖につながっていきました。さらに悪いことに、この障害が起こる前から、不必要な通信がネットワーク上に流れている事象が見過ごされていたこともわかりました。

　このような**障害を起こさないことは「IT運用」の役割**です。社会インフラの骨格ともいえるITシステムを安定的に稼働させることは、現代の暮らしを支えることといえます。IT運用組織はその重大なミッションを果たすため、長年絶え間ない努力と改善を続けてきています。

あのときAIOpsがあったら……

前節の長時間障害には、大きな原因が3つありました。

1 保守作業で人為的なミスが発生した

2 想定外の大規模障害に対して、有効な回復プロセスが準備されていなかった

3 通常時から不要な通信が大量に流れていたことが見過ごされていた

　もしこの運用現場に**AIOpsが活用されていれば、大規模障害に至ることを事前に防げていた可能性**があります。AIによる機械学習は、通常と異なるパフォーマンスの変化を捉えることができます。**3**の例のように、一部の機器だけが他の機器と比べて異常な信号を発信していれば、「アノマリー（異常）」のパターンとして検知し、事前に修正できていた可能性が高いでしょう。そうすれば、オペレーションミスによる障害が起こった時点において、データ量の急激な増加は防げていた可能性があります。

　1のオペレーションミスについては、人がオペレーションを行う限り防ぎ切ることは困難です。しかし、**AIOpsのOps＝自動化部分を実装していくことにより、オペレーションミスを減らしていく**ことができるでしょう。

　2の大規模障害時のプロセスについては、次章で解説する**IT運用プロセスの標準化や運用者の配置見直し**などが必要です。AIOpsが直接効果的な領域ではありませんが、ある種の自動化ともいえるAIOpsに着手する準備として必要な活動となります。

社会インフラを影で支え続ける
IT運用部門の人々

　読者の皆さんは、IT運用部門の人々がどのような働き方をしているかご存知でしょうか。IT運用部門の第一線で活躍されている人々は、「運用オペレータ」や「運用SE」などと呼ばれる方々です。業務システムの開局（業務開始）や閉局（業務終了）、日々必要なジョブの実行、システムの稼働状況監視のようなシステム操作や、入退館手続きやユーザーIDの管理などの事務作業など、さまざまな業務をミスなく実施することを求められています。システムサービス時間の前や後にも、さまざまな作業があるため、多くの企業で3交代または2交代で、24時間・365日運用を提供されています。オペレーションミスを防ぐため、運用オペレータは2名一組となり、作業の目視確認をしながら実施することがほとんどです。

　そのため、IT運用部門には最低でも6名のオペレータが必要ですが、実際は休暇や欠勤などに備えて予備の要員も必要です。たとえ10名オペレータがいるとしても、24時間勤務をする場合、ギリギリの要員配置であるといえるでしょう。

　運用オペレータの業務のうち、特に重要な業務はIT障害の早期発見、早期対応で、IT障害によるビジネスへの影響を最小化することが最重要ミッションであるといっても過言ではないでしょう。

　通常でも24時間スケジュールに従ってさまざまな作業をこなしていますが、**いったんIT障害が発生すると、何よりその診断と回復を優先して対応**する必要があります。定常運用もこなしながら、障害の診断、関係者への連絡と休む暇もない重労働となります。顧客やIT部門のエグゼクティブからの頻繁な電話連絡に対応するのに精いっぱいで、障害の解析に集中できない、などといったこともよく聞く悩みです。

　このような過酷な運用現場を、AIOpsにより可視化・自動化を推進し、先進的で魅力的な職場への変革を実現できるよう、本書が役立つことを願っています。

●AIOpsでの変革

AIOpsで可視化・自動化を推進することで負荷を軽減!

　次章では、現代のIT運用に求められるものや、あるべき姿について考察します。

本章のまとめ

本章では下記について学びました。

- ITを安定的に運用することが現代の暮らしを支えている
- IT運用部門は定常業務、障害対応など、さまざまな業務でITを支えている
- 人手で運用する限り人為的なミスは避けられない
- AIOpsによる可視化と自動化で魅力的なIT運用部門への変革を目指す

CHAPTER
03

IT運用の課題と
あるべき姿

>> **本章の概要**

　本章では、IT運用の定義、ハイブリッド・マルチクラウド時代におけるIT運用の課題とあるべき姿について解説します。

IT運用とは

そもそも**運用**とは何でしょうか。辞書には「そのものの持つ機能を生かして用いること」と書かれています。IT運用を説明する上で、この定義はまさに本質をついています。「**IT・システム・アプリケーションの持つ機能を生かして用いることがIT運用である**」といえるでしょう。

もう少し掘り下げると、「**ITが顧客と合意したサービスレベルでITサービスを提供できる状態を維持・管理する活動**」です。具体的には、システム稼働状況の監視、障害対応、バックアップの取得、定期オペレーションの実行など、ITシステムが業務を滞りなく遂行できるよう支える活動であるともいえます。要求工学の観点からは、業務アプリケーション開発はビジネスが要求する機能を具現化するのに対し、**IT運用はビジネスの非機能要求を具現化する一連のプロセス、組織、機能である**といえます。したがって、IT運用の設計や改善を検討する際は、ビジネスが要求する非機能（可用性、信頼性、機密性、保守容易性など）をどのようなプロセス、役割分担（組織）、品質で具現化するかという観点で分析することが重要です。

●IT運用

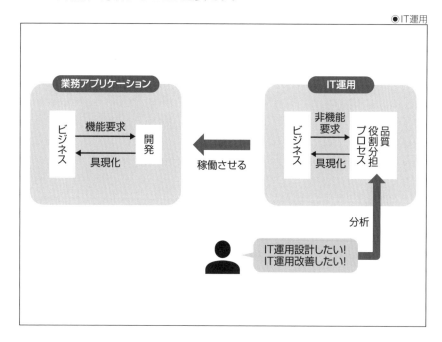

IT運用の目的と構成要素

IT運用の最も重要な目的は、**利用者に約束したサービスレベル（提供時間、可用性、レスポンスなど）を維持し、安定的にITシステムを稼働させること**です。IT運用は企業の業務の1つであり、能力（＝ケーパビリティ）でもあります。企業の業務に業務プロセスがあるのと同様に、IT運用にもIT運用プロセスがあります。IT運用の重要な構成要素は、IT運用プロセス・役割（組織）・ツール（システム）・データの4つです。

障害対応（インシデント管理）の業務を例に、プロセス、役割、ツール、データを1枚のフローで表してみましょう。

●IT運用プロセスの例

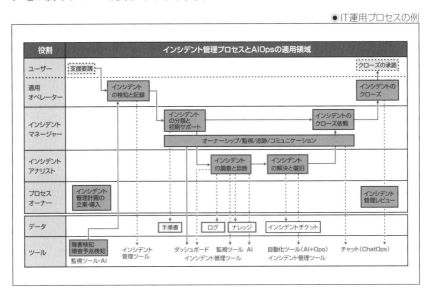

インシデント管理の目的は、IT障害（インシデント）がビジネスに及ぼす影響を最小化し、システムを復旧させることです。根本的な原因の追求よりも、システムの復旧スピードを優先させます。そのため、インシデント管理プロセスは、「障害の検知」「インシデントの検知と記録」「インシデントの分類と初期サポート」「インシデントの調査と診断」「インシデントの解決と復旧」「インシデントのクローズ」などの一連の活動（Activity）から構成されます。

　そして、それらの活動を実行する役割として、「運用オペレータ」や「インシデントマネージャー」などが定義され、左列に記載されています。最下部の行は、インシデント管理で扱われるデータと、必要なツール（機能）が書かれています。

　インシデント管理におけるAIOpsの適用領域は、主に「**障害の検知**」「**インシデントの診断**」「**インシデントの解決と復旧**」の活動です。AIによって普段と異なるシステムのふるまいを検知し、自動化のプログラムによって影響範囲の診断や回復策を実行します。

　前ページの図のように、プロセスを標準的に表したものを**プロセスモデル**や**プロセスリファレンス**と呼びます。業界で有名なプロセスリファレンスにITIL（Information Technology Infrastructure Library）があります。多くの企業で取り入れられているベストプラクティスです。新たに運用システムを構築する際や、IT運用の改善活動を実施する際に、このようなプロセスモデルを活用し、自社のプロセスとの違いを分析することで、網羅的に要件定義や改善を行うことができます。

　次ページのコラムに筆者が使用しているIT運用プロセスと機能の一覧例をまとめましたので、参考にしていただければと思います。

IT運用プロセスと主な機能要件例

　IT運用機能を設計する際、要件の抜け漏れを防ぐため、IT運用プロセスの一覧を活用することをおすすめします。

　代表的なITプロセスのリファレンスは、ITIL（Information Technology Infrastructure Library）が有名ですが、実際的な運用機能の設計には不足する観点もあります。本コラムでは、筆者が使用している運用機能の設計に必要なプロセスの一覧と主な機能の例を紹介します。

●運用機能の設計に必要なプロセスの一覧と主な機能の例

IT運用プロセス	主な機能要件
インシデント管理	インシデントの起票・ステータス管理
問題管理	根本原因の判別・知識データベース
変更管理	変更の記録、ステータスの管理
構成管理	構成情報の登録・変更
バージョン管理	バージョン管理、チェックイン・チェックアウト
ライブラリ管理	マスターライブラリの管理
リリース（パッチ・更新含む）	配布・本番反映・更新
スケジューラー（バッチ管理）	スケジュール登録・実行、エラーコードによる分岐、CLI
稼働監視	pingやコマンドによる稼働監視・APIによる監視
エンドユーザー体験監視	End-to-End のパフォーマンス監視
ログ監視	ログのエラー監視
パフォーマンス監視	パフォーマンスのしきい値監視・アノマリー監視
キャパシティ監視	キャパシティのしきい値監視・アノマリー監視
レポーティング	傾向分析と可視化（グラフ、アノマリーなど）
状況確認（コマンド）	リモートからのコマンド実行、スクリプト、API
停止・再起動	停止・再起動のコマンド実行
データバックアップ	データのバックアップ・リストア
ログ転送・消去	ログの転送、保守、定期的な削除
臨時オペレーション	コマンド、スクリプトの随時実行（リモート）
ユーザーID管理	ユーザーIDの登録・変更・削除
オペレーション監査証跡取得	オペレーションの記録の保管

SECTION-11
テクノロジーの進化による
IT運用の変遷

　IT運用は1970年代から、脈々と続いています。本節では、時代とテクノロジーの変遷により、運用がどのように変わってきたか、ということについて解説します。ITと運用の変遷は、大きく3種類のパターン(アーキテクチャ)に分けられます。

●ITと運用の変遷

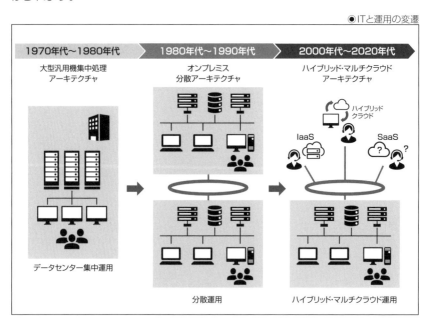

💠 1970年代～1980年代のITと運用

　1970年代～1980年代は大型汎用機集中処理アーキテクチャによる「**データセンター集中運用**」です。

　大型汎用機(メインフレーム)によるセンター一括処理で、金融取引、航空機の予約、製造の部品管理などの基幹業務に、高性能なコンピュートリソースをやりくりして運用していました。基幹業務を止めない高いサービスレベルが求められていました。オペレータはデータセンター内に在席し、オンライントランザクションの監視やバッチジョブのスケジューリングなどを主要な業務として実施していました。**帳票出力やメディアの管理にも多大なコスト**がかかっていました。

🔹 1980年代〜1990年代のITと運用

1980年代〜1990年代はオンプレミス分散アーキテクチャによる「**分散運用**」です。

コンピュートリソースの低価格化により、多数のサーバーによるワークロードの分散処理が可能となりました。マスターデータの更新や基幹業務のバッチ処理などは可用性の高いメインフレームで行い、ユーザーインターフェイスやデータの照会処理などを安価なサーバーへオフロードするアーキテクチャが主流となりました。

ただ、基幹システムと業務上の連携があるサーバーには、メインフレームと同等の信頼性（＝サービスレベル）が要求されました。そのため、本番サーバーへの変更が制限され、ビジネスの要求に柔軟に対応することができず、業務部門とIT部門の対立が深まっていきました。また、分散化によりデータセンター内で多数の管理コンソールが乱立することとなり、**運用コスト・要員は増加の一途**をたどりました。

●分散運用では信頼性、可観測性の比重が大きい

🔹 2000年代〜2020年代のITと運用

2000年代〜2020年代はハイブリッド・マルチクラウドアーキテクチャによる「**ハイブリッド・マルチクラウド運用**」です。

インターネット通信の発達、さらなるコンピュートリソースの低価格化により、コンピュートリソースを従量課金で提供するクラウドサービスが台頭してきました。サービスの提供形態も、サーバー機器や仮想マシンのみを提供する**Infrastructure as a Service(IaaS)**や、会計ソフトウェアとその運用を提供するような**Software as a Service(SaaS)**など、利用者のニーズ応じて提供されるようになりました。利用者の必要な資源がすぐに手に入り、変更が容易となる反面、クラウドの提供形態ごとにサービス提供者が管理する領域が異なるようになりました。そのため、**運用の役割分担はジグソーパズルのピースをつなげるかのごとく複雑になり、企業のサービスの稼働状況を鳥瞰して把握すること(可観測性)が困難**となりました。

また、オンプレミス環境では、ビジネスが要求するサービスレベルにインフラストラクチャが対応してきましたが、クラウドに移行すると、利用者側がクラウドのサービスレベルに迎合し、アプリケーションの機能と運用設計で耐障害性を高める必要がでてきました。その上、クラウドサービスごとに個別のコンソールがあるため、運用要員はさらに増加していく傾向があります。

◉ハイブリッド・マルチクラウド運用では柔軟性、スピードの比重が大きい

次節ではハイブリッド・マルチクラウド運用に求められる運用や課題について、掘り下げて解説します。

COLUMN
クラウドの利用形態と運用役割分担

　近年、日本の企業のクラウド利用は増加傾向にあります。総務省による「令和3年版　情報通信白書」によると、2020年時点で何らかのクラウドサービスを利用している企業は60.8%にも上ります。4年前の2016年では40.6%であったことを見ても明らかです。クラウドのサービス提供形態は、大きく分けて3種類あります。ハードウェアとオペレーティングシステム(OS)までを提供するInfrastructure as a Service(IaaS)、ミドルウェアまでをパッケージ化して提供するPlatform as a Service(PaaS)、そして会計ソフトなどの特定のソフトウェアや業務システムをサービスとして提供するSoftware as a Service(SaaS)です。

　クラウドサービスの管理範囲は、IaaS→PaaS→SaaSとなるに従い、サービス提供者側が管理する領域が増えていきます。一見、利用者の運用管理負荷は軽減されるように見えますが、クラウドサービス側が管理する領域が多くなるほどユーザー側から管理状況が見えにくくなります。そのため、業務システムに障害が発生した際に、利用者側に原因があるのか、クラウドサービス側に原因があるのかを判別することが難しくなるというデメリットがあります。

●クラウドサービスの管理範囲

クラウドサービスが管理する領域が増えると…
利用者の運用負荷軽減 ＞ 可観測性

IaaS	PaaS	SaaS
データ	データ	データ
アプリケーション	アプリケーション	アプリケーション
ミドルウェア	ミドルウェア	ミドルウェア
オペレーティングシステム	オペレーティングシステム	オペレーティングシステム
ハイパーバイザー	ハイパーバイザー	ハイパーバイザー
ハードウェア	ハードウェア	ハードウェア

　利用者の管理範囲　　　クラウドサービス提供者の管理範囲

ハイブリッド・マルチクラウド時代に求められる運用とは

前節では、ITアーキテクチャの変化により、IT運用が「データセンター集中運用」→「分散運用」→「ハイブリッド・マルチクラウド運用」と変遷してきたことについて解説しました。本節では、ハイブリッド・マルチクラウドとはどのようなアーキテクチャか、IT運用に求められる要件はどのようなものかについて解説します。

🔹 ハイブリッド・マルチクラウドとは

IaaSやPaaSがクラウドの提供形態であったのに対して、「ハイブリッドクラウド」や「マルチクラウド」という用語は、クラウド利用者の利用形態のことを表しています。**ハイブリッドクラウド**とは、**自社のシステム（オンプレミス）とクラウドサービスをネットワークで接続し、あたかも1つのインフラストラクチャであるかのように利用する形態**です。自社のオンプレミスのシステムをプライベートクラウド、クラウドサービス側のシステムをパブリッククラウドと呼ぶこともあります。ハイブリッドクラウド構成にする理由には、次のようなものがあります。

- 基幹業務のサーバーなど、要求サービスレベルがクラウドの保証するサービスレベルより高いものは、クラウドへ移行できない。
- 機密性の高いデータをクラウド上に保管したくない。
- パッチ適用などの変更をクラウド側のスケジュールでされたくない

このように、ハイブリッドクラウドはビジネスの非機能要件からあえてその構成を選んでいるといえます。

一方、**マルチクラウド**というのは文字通り**複数のクラウドサービスを利用すること**を表しますが、こちらは使いたい機能やパッケージが異なるクラウドサービスで提供されているため、必然的にそうなってしまうという側面があります。たとえば、認証・認可はAzure Active Directory、営業パッケージはSalesforceというように、業務システムを構築する上でマルチクラウドを選択せざるを得ない状況となってしまっているのです。

以上の理由から、クラウドを利用している企業は必然的に、いずれハイブリッド・マルチクラウドアーキテクチャへと移行していくことになるでしょう。

ハイブリッド・マルチクラウド環境における運用課題

　クラウドサービスが浸透するにつれ、利用者が使いたいときに、すぐ使える状態でコンピュートリソースやアプリケーションを手に入れることができるようになりました。ビジネスの要求するスピードにシステム開発が対応できるようになった反面、クラウド事業者が管理する領域がユーザーから隠蔽され、企業全体として業務が問題なく稼働しているかを鳥瞰して捉えることが困難となってきました。

　今後もハイブリッド・マルチクラウド化は進んでいく傾向にあります。IT運用部門はこれまで同様に、基幹業務システムには高いサービスレベルで正確な運用を提供しつつ、ビジネスが要求するスピードや柔軟性にも同時に対応していく必要があります。

　このような状況において、ハイブリッド・マルチクラウドの運用には次のような課題があります。

- 各サービスで提供される運用機能にばらつき（GAP）があり、ユーザーが不足機能を構築する必要がある
- クラウドごとに個別の監視ツールが提供され、監視要員を張りつかせる必要があり、監視要員が増加し続ける
- 監視コンソールが増加することで、電力需要は増える
- クラウド間の管理情報を連携するインターフェイスがなく、業務に障害が起こった際の根本原因や影響範囲の特定が困難
- 障害判別の困難化による長時間労働や、単純作業の反復による運用現場疲弊、後継者不足

　このような課題に対して、ハイブリッド・マルチクラウド運用に求められる要件とはどのようなものがあるでしょうか。

● ハイブリッド・マルチクラウド運用の現状

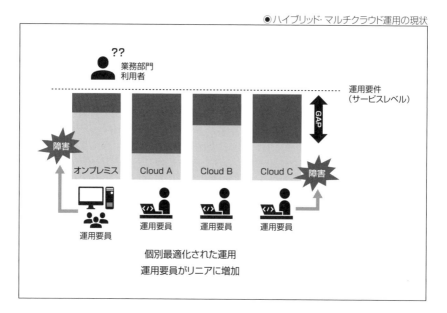

ハイブリッド・マルチクラウド運用に求められる要件

前項の課題から浮かび上がるハイブリッド・マルチクラウド運用に求められる要件として、下記が挙げられます。

- クラウド運用品質の平準化
- 異なるクラウド間を統合して可視化できる監視コンソール
- 監視コンソールの削減による電力消費の削減
- マルチクラウド環境での、障害原因と影響範囲特定の容易性
- 長時間勤務や単純作業から開放される魅力的な職場

2021年5月に経済産業省から発表された、「デジタル産業に関する現状と課題」でも、今後のクラウドサービスに求められる要件として**「信頼できる」**
「オープン」「グリーン」を挙げています。

- デジタル産業に関する現状と課題
  URL https://www.meti.go.jp/policy/mono_info_service/
  joho/conference/semicon_digital/0003/03.pdf

🔷 ハイブリッド・マルチクラウド運用のあるべき姿

これらの要件を満たすソリューションとして、本書では「**統合データレイクとAIOpsを活用した統合運用プラットフォーム**」のアーキテクチャを提唱します。**統合データレイク**とは、システム状況やセキュリティ情報などさまざまな領域のデータを1箇所に集めたものです。このアーキテクチャの特長は、運用に関する**あらゆるデータをいったん統合データレイクに集めること**と、その**解析を人の目ではなくAIに行わせること**です。これにより、人の目では検知できない大量のデータの中の、小さなゆらぎも的確に捉えることが可能となります。

また、障害の通知はオペレータを介さない自動通知機能を用い、単純なリカバリーはランブック自動化などの自動応答処理が可能なツールを用いることで、オペレータを削減することができます。

本書では、「統合データレイクとAIOpsを活用した統合運用プラットフォーム」を次の機能と特長を持つプラットフォームであると定義します。

- オンプレミス、マルチクラウドの管理ツールからのアラートやログを統合データレイクに集める
- AIのアルゴリズム（単変量解析、多変量解析など）を活用し、人の目では検知できないデータのパターンをモデル化する
- これまでに経験のある障害は、ランブック自動化などの機能を用いて自動でリカバリーし、結果を運用者に伝える
- 大量の運用データ（キャパシティの変動など）を解析し、ビジネス成長のインサイトをビジネス部門へ提言する
- 統合ダッシュボードにより、監視オペレータを削減することができ、ディスプレイや空調などの消費電力を削減し、グリーン化に貢献する
- AIによるメッセージの削減、根本原因の提示による長時間勤務からの開放。AIを活用したノウハウの継承による人手不足の解消

次章以降では、これらの課題に対してAIOpsを用いて解決したお客様の事例と、そのテクノロジーについて、詳しく解説していきます。

◉ハイブリッド・マルチクラウド運用のあるべき姿

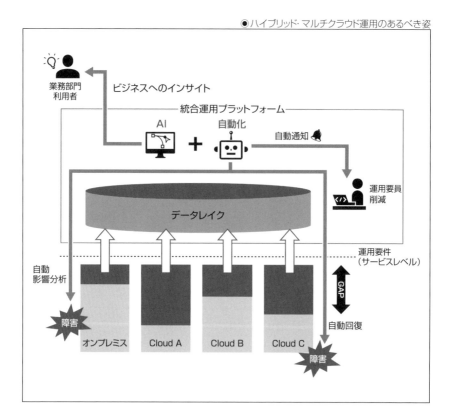

3 ——IT運用の課題とあるべき姿

本章のまとめ

この章では下記について学びました。

- IT運用とは「ITが顧客と合意したサービスレベルでITサービスを提供できる状態を維持・管理する活動」である
- IT運用はビジネスの非機能要求を具現化するものである
- IT運用の構成要素は次の4つ
  - プロセス
  - 役割（組織）
  - ツール（システム）
  - データ
- ITアーキテクチャの変化によりIT運用も変遷してきた
  - 「データセンター集中運用」→「分散運用」→「ハイブリッド・マルチクラウド運用」
- ハイブリッド・マルチクラウドに求められる要件
  - 「信頼できる」「オープン」「グリーン」
- ハイブリッド・マルチクラウド運用のあるべき姿は、AIOpsによる可視化と自動化で、IT運用を魅力的な仕事へと変革することである

CHAPTER
04
AIOpsの適用事例

 本章の概要

　本章ではAIOpsを活用し、IT運用の課題を解決した事例について、背景や適用したソリューションなどを中心に解説します。活用した技術やアルゴリズムについての詳細は、次章で解説します。

AIOps適用事例

前章では、ハイブリッド・マルチクラウド環境の運用課題について述べました。

- 各サービスで提供される運用機能にばらつき(GAP)があり、ユーザーが不足機能を構築する必要がある(「信頼性」に関する課題)
- クラウドごとに個別の監視ツールが提供され、監視要員を張りつかせる必要があり、監視要員が増加し続ける(「オープン」に関する課題)
- 監視コンソールが増加することで、電力需要は増える(「グリーン」に関する課題)
- クラウド間の管理情報を連携するインターフェイスがなく、業務に障害が起こった際の根本原因や影響範囲の特定が困難(「オープン」に関する課題)
- 障害判別の困難化による長時間労働や、単純作業の反復による運用現場疲弊、後継者不足(「働き方」に関する課題)

本章では具体的な課題、選択したソリューション、ソリューション適用の効果などについて適用事例をもとに解説します。

「信頼性」「オープン」「グリーン」に関する課題の事例

　本節では「信頼性」「オープン」「グリーン」に関する課題に取り組まれた、製造A社の事例を紹介します。

📦 課題

　A社はプライベートクラウドとして、数千台の仮想マシンをユーザーに提供・運用しています。今後、パブリッククラウドの活用が進むに従い、ハイブリッド・マルチクラウドの稼働状況の可視化、障害対応の迅速化が課題となっていました。また、監視コンソールが社内に乱立しており、オペレータが増加し続けていることも課題となっていました。

　オンプレミスの仮想マシンを同じくオンプレミスのZabbixサーバーで監視していますが、パブリッククラウド上の仮想マシンもパブリッククラウド上のZabbixサーバーを使って監視しています。今後、コンテナやSaaSの利用が進むと、Zabbixエージェントを導入することができないため、企業全体の稼働状況を把握できなくなる恐れがあります。

●AIOps適用前の運用

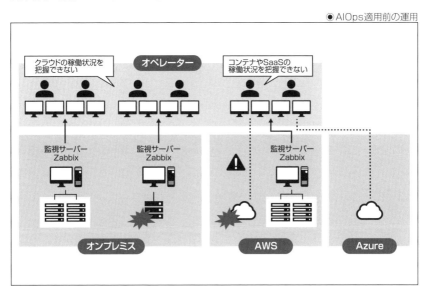

🔲 ソリューション

　環境や管理ツールごとに散在しているデータを1箇所に集約することで、企業全体の稼働状況の把握とAIOpsの効率的な利用が可能になる点、既存の管理ツールに大きな変更を加えずに実現可能な点から統合データレイクの構築を選択しました。

　統合データレイクには、オンプレミスの監視ツールのデータ、クラウドサービスの監視ツール（Amazon CloudWatch、Azure Monitorなど）のデータを集約します。統合データレイクのデータは、人の目ではなく、AIによって監視させ、関係者へ自動連絡します。

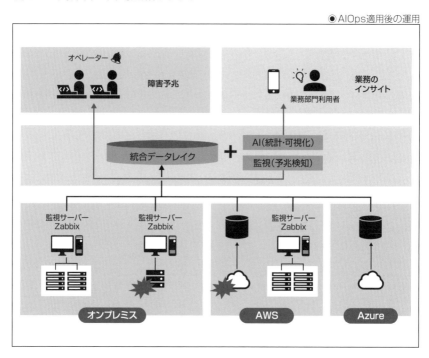

●AIOps適用後の運用

🔲 効果

　ソリューションの適用により次の効果がありました。

- ●障害対応の迅速化、品質の向上（見過ごしの防止）
- ●オペレータの削減（運用コスト削減）
- ●オペレータ削減による、ディスプレイやPCの消費電力低減

🎁 活用したAIOpsの技術・アルゴリズム

ソリューションを実現するために次の技術を活用しました。

◆ データ収集・蓄積

オンプレミスおよびパブリッククラウド上の複数の監視ツールからデータを集約するためにログ収集管理ツールを利用します。

統合データレイクとして、大量のログデータを蓄積し、高速に検索できるクエリエンジンを利用します。

◆ 統計・可視化

蓄積したデータを可視化します。

複数データの相関、グルーピング、時系列の変化、重要度による重み付けなど、統計手法を利用した加工を自動的に行うAIツールを利用します。意思決定が促進されインサイトが得られるようになります。

◆ ログのアノマリー検知

AIツールを活用してログデータを解析し、通常と異なる振る舞い(ログアノマリー)を検知または予測します。

◆ メトリクスのアノマリー検知

AIツールを活用してメトリクスデータを解析し、通常と異なる振る舞い(メトリクスアノマリー)を検知または予測します。

以上のように、製造A社ではハイブリッド・マルチクラウドのアラートやログを統合し、AIを活用することにより、**オンプレミスからクラウドをまたがる障害の可視化、障害対応の迅速化、オペレータの削減、IT消費電力の低減を実現**しました。

「働き方」に関する課題の例

この節では「働き方」に関する課題に取り組まれた、金融B社の事例を紹介します。

🔰 課題

金融B社は、オペレーションミスの防止のため、すべてのシステム操作を2人一組で実施しています。1人がコマンドを読み上げ、打鍵し、もう1人が目視確認し、読み上げるという手順を1行ごとに実施しています。手順書はチェックや確認印を1行ごとに書き込むため、一連のシステム操作を終了するまでに多大な時間がかかっているという課題がありました。

多量のコマンドを処理するため、チェック漏れによるミスからのシステム障害を100%防ぐことは不可能であり、オペレータは本番環境でのオペレーションに緊張を強いられる状況となっています。熟練のオペレータは高齢化する反面、若手の技術者の離職率は高く、後継者難も課題となっていました。

●AIOps適用前のオペレーションのイメージ

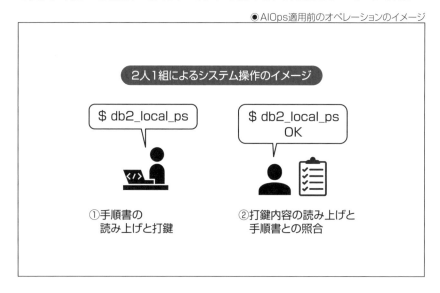

🔶 ソリューション

　手順書をもとに人が打鍵するのをやめることで、オペレーションミスと心理的負荷をなくすことができると考えて、手順書の自動実行を選択しました。さらに、障害時にどの手順書を実行するかについても自動化が必要であると考えました。

　運用手順のメニュー化・自動化（ランブック自動化）の仕組みを構築します。

　また、AIによる原因特定と推奨する対応手順の提示を行います。

●IBM Cloud Pak for Watson AIOpsのランブック自動化の画面

🔶 効果

　ソリューションの適用により次の効果がありました。

- ●オペレーションミスの防止、運用担当者の緊張の緩和
- ●知見の蓄積による後継者の育成が可能
- ●オペレータの人員削減によるコストダウン

4

AIOpsの適用事例

🔹 活用したAIOpsの技術・アルゴリズム

ソリューションを実現するために次の技術を活用しました。

◆ 根本原因分析

異常を見つけた場合にその原因を提示します。

トポロジー情報やイベント相関の機械学習の結果を利用して、一次的なイベントと副次的なイベントを識別します。

◆ 推奨アクション

イベント発生時に事前定義されたアクションを推奨します。

根本原因分析の結果をストーリーや過去の類似インシデントにマッピングし推奨アクションを提示します（ストーリー ： 原因と解決策のセットで事前定義ないし機械学習の結果）。

◆ ランブック自動化

プログラムによる運用手順書の自動実行を指します。

推奨アクションで適切なランブックが提示され、自動実行による対応または運用者への操作手順の提示を行います。また、運用手順書をGUI上で定義することで、運用手順の標準化・共有化につながります。

　以上のように、金融B社では、**AIOpsによる障害原因分析と推奨策の提示、ランブック自動化によるオペレーションミスの防止を実現**しました。

本章のまとめ

本章では下記について学びました。

- AIOps適用事例
  - 「信頼性」「オープン」「グリーン」の課題に対するソリューション例
  - 「働き方」の課題に関するソリューション例

CHAPTER
05

AIOpsで活用される
技術・アルゴリズム

>>> 本章の概要

　本章では、AIOpsで活用される技術・アルゴリズムについて解説します。

AIOpsの機能領域

　AIOpsで活用される機能は、「**データ収集・蓄積**」「**分析**」「**実行**」「**コラボレーション**」の4つの領域に分けることができます。

⦿AIOpsの機能領域

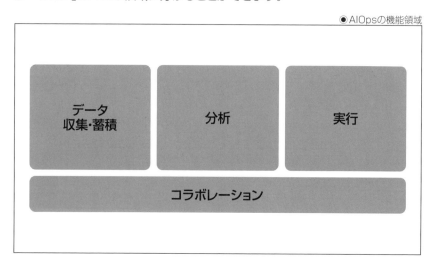

　次節以降で各機能領域の詳細を説明します。

データ収集・蓄積

　AIOpsはデータを活用するため、効果的なデータを収集し、蓄積できるかが成功のカギを握ります。このデータ収集・蓄積を理解するため、「データ種別」「データソース」について整理した上で「データ収集」「データ蓄積」の方法について解説します。

●AIOpsの機能領域（データ収集・蓄積）

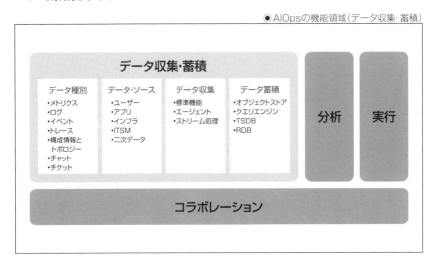

🔹 データ種別

　AIOpsで利用するIT運用で発生するデータには、次の種別があります。

◆ メトリクス

　メトリクスは時系列で変化する数値データです。サーバーのCPU使用率などがあります。

◆ ログ

　ログはソフトウェアの動作を記録したテキストデータです。Webサーバーやロードバランサーのアクセスログなどがあります。アクセスログは、各レコードにタイムスタンプがあり、ステータスコードなどの固定フィールドに特定文字列が記録されています。このようなログに対しては、ログ内の特定文字列の出現頻度をカウントしてメトリクスとして扱うこともあります。

57

◆ イベント

イベントはソフトウェアエラー、起動停止やテイクオーバーなど、自動または手動の操作を記録したデータです。WindowsのEventLogなどがあります。

◆ トレース

トレースは問題判別のためにソフトウェアの詳細な動作や所要時間を記録したデータです。Ruby stack traceなどがあります。近年のアプリケーションは、クラウドやオンプレミスにまたがりながら、さまざまなインフラストラクチャ上の多くのサービスから構成されているため、障害の根本原因を特定することが困難になってきています。これに対応するため、1つのリクエストに対して各コンポーネントがどのように動作したかを記録する分散トレーシングの技術が欠かせません。

◆ 構成情報とトポロジー

構成情報と**トポロジー**はリソースの構成およびリソース間の関係を表すデータで、動的に変更されます。ネットワーク機器の接続情報や接続構成図などがあります。

◆ チャット

チャットは人間とシステムがインターフェイスするための自然言語データです。

◆ チケット

チケットはITサービス管理においてインシデント/要求/変更などを管理するためのデータです。

🦪 データソース

IT運用で発生するデータには、さまざまなデータソースがあります。ここでは、データ発生源の観点から次の5つに分類します。

◆ ユーザー

ユーザーは、スマートフォンやPCなどのデバイスを使ってUIを操作したりデータを入力したりします。このデータはアプリケーションのログやデータベースあるいは監視システムなどを介してIT運用で利用されるデータとなります。ユーザーが意識しなくても、入退館記録、監視カメラの情報、車両やスマホからもたらされる位置情報や生体情報など、さまざまなユーザー関連データが発生していて、それをIT運用に利用することも可能です。

◆ アプリケーション

アプリケーションは、前述のユーザー関連データ以外にもアプリケーション自身の管理に必要なデータを生成および保持しています。たとえばアプリケーションのログには、ユーザーからのリクエスト以外に、アプリケーションが実行したRDBへの問い合わせ（SQL文）やエラーがあったときの状態や理由が記録されています。

◆ インフラストラクチャ

インフラストラクチャは、自身の管理に必要なデータを生成および保持しています。インフラストラクチャとは、さまざまなリソース（ネットワーク機器、物理または仮想サーバー、ストレージ、OS、RDBやApplication Serverなどのミドルウェア）やプラットフォームを管理するシステム（vCenterといった仮想化コントローラーやKubernetesといったコンテナオーケストレータなど）やクラウドプロバイダーを含むデータセンターを指します。

◆ ITSM（IT Service Management）

ITSMは、インシデント/サービスリクエスト/変更チケットといったデータを発生します。また、構成情報もIT運用に欠かせないデータです。さらに、変更の成功率やインシデントの解決時間といったITSM関連のKPI（Key Performance Indicator：重要業績評価指標）もIT運用を改善するための重要なデータとしてITSMツールが生成します。

◆ 二次データ

二次データは、前述のデータソースからのデータを監視システムが収集・加工するなどして、二次的に発生するデータです。たとえば、APM（Application Performance Management）ツールはアプリケーションのトレースデータを収集・加工して、トランザクションがコンポーネント間でどのようにやり取りされているかを把握しますが、このときのコンポーネント間の関係性を保持したデータが二次データにあたります。

🧊 データ収集

データ収集には、次に述べるようないくつかの方法があり、データソースの種類やデータの利用要件に合わせて、これらの方法を組み合わせて利用します。

◆ 標準機能

標準機能とは、データを収集するためのOSやハードウェアが備える標準的なデータ送信の方式やプロトコルのことです。

syslogプロトコルを使用することで、ハードウェア/OS/ミドルウェアが自身のログデータを外部に転送することができます。syslogプロトコルで各データソースのデータを受信するログ収集サーバーを設けて、データの集約・保管・定期削除などを行います。

SNMP（Simple Network Management Protocol）は、主にネットワーク機器から構成情報やパフォーマンス・データを外部に連携したり、ネットワーク機器から外部にイベントを通知したりするためのプロトコルです。

WebhookはWebサービス間でイベントを通知するもので、パブリックのクラウドサービス内でイベントが発生したらSNSに通知するなどの使われ方をします。

これ以外にも、REST API、MQTT（Message Queueing Telemetry Transport）、JDBC（Java DataBase Connectivity）などの標準機能がデータ収集に利用可能です。

標準機能を利用するメリットは、多種多様なリソースやサービス間でデータのやり取りができること、標準機能に準拠していれば新たなリソースやサービスに対応しやすいことです。

◆ エージェント

エージェントとは、監視・管理ツールが提供するデータ収集機能のことで、主にサーバーに導入して稼働させます。エージェントは対象サーバー内でメトリクスやログやイベントを収集して、監視・管理ツールのサーバーへデータを転送します。監視ツールでいえば、DynatraceのOneAgent、ZabbixのZabbixエージェントがこれにあたります。

一般的にping監視などの外部からの監視と比較して、より詳細なデータを収集することができます。

また、導入されたサーバー内の情報だけでなく、前述の標準機能を利用してサーバーの外側にあるネットワークやアプリケーションのデータを収集するタイプのエージェントもあり、SaaSサービスがデータセンター内のリソースを監視する場合など、ネットワークセグメントの制約を越える場面で使われたりします。

◆ ストリーム処理

ストリーム処理とは、蓄積したデータを定期的に一括収集するのではなく、データ発生の都度、リアルタイムで収集する処理を指します。

たとえば、業務サーバーのログの場合、これまでは業務サーバー上で蓄積されるデータを定期ジョブ（cronなど）によりログ収集サーバーにコピーする方式がほとんどでしたが、現在はログにレコードが追加される都度、ログ収集サーバーに転送する方式が主流です。これにより、万が一サーバーに障害があった場合、ログ収集サーバーを確認することで直近のログデータを見ることができますし、障害によってサーバー上のログが失われたりアクセスできなくなる可能性を減らすことができます。

ストリーム処理を実現するには、「syslog」などの標準機能を利用するか、サーバーにLogstashやFluentdといったログ収集管理ツールのエージェントを導入する方法があります。

ログ収集管理ツールは、ETL（Extract-Transform-Load）ツールとも呼ばれ、前述の標準機能とエージェントの両方の機能を持ちながらデータのストリーム処理を実現するツールで、さまざまなデータソースからの入力とさまざまなツールへの出力が可能です。

5

AIOpsで活用される技術・アルゴリズム

また、特定条件でのレコードの抽出や、たとえば文字列を分割してJSON形式にするなどのフォーマット変換、複数データソースのデータをマージするといった、さまざまなデータ加工も可能です。

そのため、ログ収集管理ツールはAIOpsにおけるデータ収集では欠かせないツールとなっています。

下図にElastic社のログ収集管理ツールであるLogstashを例に利用可能な入力元・出力先を示します。

●ログ収集管理ツール（Logstash）

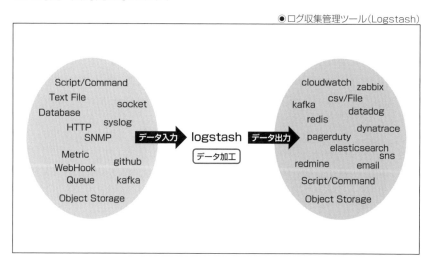

これまでは、データソースやツールごとにデータ収集パスを構築することが一般的でした。しかし、最近ではデータ転送機能を集約する「**Observability Pipeline**」という考え方も出てきています。Observability Pipelineとは、次の機能を実現するフレームワークです。

- Any to Anyでデータをルーティングする
- 利用価値/頻度に応じた性能のストレージにデータを配置する
- サイズ圧縮やフォーマット変換を行う

🐚 データ蓄積

データ蓄積には、次に述べるようないくつかの方法があり、データソースの種類やデータの利用要件に合わせて選択します。

◆ オブジェクトストア

オブジェクトストアはデータをオブジェクトとして扱うもので、AWS S3やOpenStack Swift、Cephといったツールが有名です。

◆ クエリエンジン

ElasticsearchやApache Solr、Grafana Loki、Splunkといったツールが有名です。**クエリエンジン**は全文検索エンジンとも呼ばれ、複数のファイルから特定の文字列を検索する機能を備えたツールです。大量のファイル/文書から高速に検索するために、あらかじめ索引データを準備しておく手法が使われます。

◆ TSDB

TSDBはTime Series DataBaseの略で時系列データベースとも呼ばれます。時系列データの読み書きに特化した設計でInfluxDBやPrometheusなどが有名です。

◆ RDB

RDBはRelational DataBaseの略で、一般的にデータベースというとRDBを指すことが多いです。表形式で複数のデータを関連付けて利用できるようにしたデータベースです。

分析

収集・蓄積したデータを利用して分析を行います。AIOpsでは、主に「**アノマリー検知**」「**根本原因分析**」「**影響範囲分析**」「**推奨アクション**」「**セキュリティ分析**」という観点で分析を行います。

●AIOpsを構成する機能領域（分析）

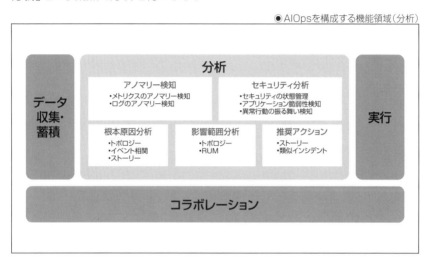

● アノマリー検知

アノマリー検知は、正常状態を学習・モデル化し通常と異なる振る舞い（正常モデルからの逸脱）を検知または予測するものです。アノマリー検知には、次の2種類があります。

- メトリクスのアノマリー検知
- ログのアノマリー検知

● メトリクスのアノマリー検知

メトリクスデータを利用して通常と異なる振る舞い（アノマリー）を検知または予測します。

◆ メリット

メトリクスのアノマリー検知のメリットは次の通りです。

● 障害原因の早期発見と未然防止が可能になる。

● 従来の監視で用いられていたあらかじめ閾値を設定して異常を検知する方法とは違い、小さな振る舞いの違いを検知できるため、早く異常を検知できる。

● アノマリーを検知しない場合でも、アノマリー検知を行う過程で正常状態を学習しモデル化および可視化するため、システム全体の傾向やコンポーネント間の相関関係を把握できる。

◆ 実現方法

メトリクスのアノマリー検知は次のような流れで実現します。

1 正常状態を学習してモデルを作成する。

2 リアルタイムでデータを分析する。

3 正常モデルと異なる挙動を検知した場合にアラートを通知する。

●モデル化のアルゴリズム例

アルゴリズム	内容
Robust Bounds	メトリックの値がメトリックのベースラインから逸脱した場合に異常を検出する
Flatline	通常は変動するメトリックの値が横ばいになることを異常として検出する
Variant / Invariant	メトリックの高い値と低い値の間の差異が大幅に減少したときに異常を検出する
Granger	因果関係を見つけ、その因果関係が変化した場合に異常を検出する
Finite Domain	メトリック間のメトリック値が以前に到達したことのないレベルに上昇したときに異常を検出する
Predominant Range	メトリック値の変動がメトリックが通常変動する範囲を超えた場合に異常を検出する
Discrete Values	取り得る値の数が定義されているメトリック（離散値）において、現在の値の確率がまれな場合に異常を検出する

通知するアラートの内容は次のようなものになります。ツールによっては、UI上でアラートを右クリックすると該当メトリクスのグラフにジャンプするものがあります。

●アラートの内容の例

タイムスタンプ	発生元リソース	アノマリーを検知したメトリクス項目	アノマリーのタイプ	期待した値	実際の値
YYYY/MM/DD hh:mm:ss	サーバーA	CPU使用率	期待した値より高い値	17.8	8.4

　本書ではAI技法の解説はしませんが、参考までにメトリクスのアノマリー検知の代表的な技法を下記に示します。

- Isolation Tree/Forest

統計技法として一般的な下記の技法を組み合わせて利用します。

- 加重移動平均
- 分散
- 標準偏差
- 回帰分析
- クラスター分析
- 区間推定

　メトリクスのアノマリー検知のイメージを下図に示します。この例ではアルゴリズムとしてRobust Boundsが使われています。

●メトリクスのアノマリー検知のイメージ

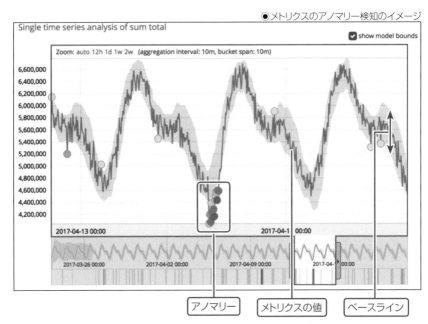

　前ページの図では、実線で単一メトリクスの時系列の変化を示しています。薄い帯が、メトリクスのこれまでの挙動を学習した結果のベースラインです。メトリクスがこの範囲内であれば正常と考えらえます。

　メトリクスのうち、丸でプロットされている部分は、ベースラインから逸脱しているためアノマリーとして検知されているものです。

◆ 他機能との関係

　メトリクスのアノマリー検知をトリガーとして影響範囲分析・根本原因分析・推奨アクションを実行します。ログデータをメトリクス化することでログデータを利用することも可能です。

🧊 ログのアノマリー検知

　ログデータを利用して通常と異なる振る舞い（アノマリー）を検知または予測します。

◆ メリット

　ログのアノマリー検知のメリットは次の通りです。

- 障害原因の早期発見と未然防止が可能になる。
- エラーメッセージの出現有無ではなく、パターンの違いを検知できるため、通常のログ監視より早く異常を検知できる。

◆ 実現方法

　ログのアノマリー検知には、自然言語ログアノマリー検知処理と統計的ベースライン処理の2つの方式があります。

● 自然言語ログアノマリー検知処理

　自然言語ログアノマリー検知処理は次のような流れになります。

1. ログをタイムスロットに分割して、タイムスロット内のログのパターンを正常モデルとして学習する。
2. リアルタイムのログストリームをタイムスロットに分割して分析する。
3. 正常モデルと異なる挙動を検知した場合にアラートを通知する。

③ の正常モデルと異なる挙動は次の通りです。

- 正常モデルと比較して期待したパターンが出現しなかった場合
- 新たなパターンが出現した場合
- 頻度が期待よりも多かった、または少なかった場合

- 統計的ベースライン処理

  統計的ベースライン処理は次のような流れになります。

  ① ログとして出力されるテキストからエラーや例外を示す特定ワードを抽出し、そのパターンや出現頻度を正常モデルとして学習する。抽出の際には、複数のワードを組み合わせて判断する。たとえば、単に「500」という数字を見るだけでなく「http status 500」という組み合わせを見つけることで、エラーを示すワードを判断する。

  ② リアルタイムのログストリームに対して、一定時間ベースラインを学習し、前の学習結果とマージしていく。

  ③ ② と同時にリアルタイムのログストリームを分析して正常モデルと差異があるか確認する。

  ④ 正常モデルと異なる挙動を検知した場合にアラートを通知する。

  この方式では、ワードを抽出する際に、特定の製品に特化したエラーメッセージを学習済みのモデルを利用すると、迅速なアノマリー検知が可能になります。

  参考までにログのアノマリー検知の代表的なAI技法を下記に示します。
  - テキストマイニング
  - Isolation Tree/Forest
  - k-means

  統計技法として一般的な下記の技法を組み合わせて利用します。
  - 加重移動平均
  - 分散
  - 標準偏差
  - 回帰分析
  - クラスター分析
  - 区間推定

5

AIOpsで活用される技術・アルゴリズム

下図は、IBM Watson AIOps – AI Managerにおいて、自然言語ログア
ノマリー検知処理の方式を利用してログアノマリーを検知した例になります。

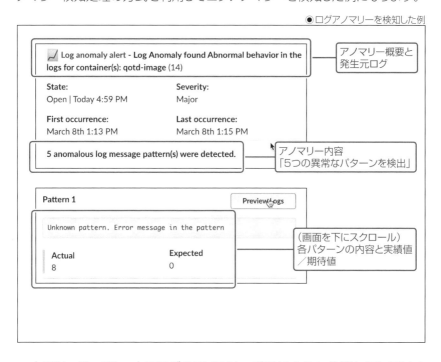

●ログアノマリーを検知した例

上図は、ChatOps上にログのアノマリーが通知された状態を示していま
す。具体的には、qotd-imageというコンテナのログ内に、これまでと異なる
ログのパターン5つが検出されています。1つめのパターンは、これまで出力
されていなかったErrorを示すメッセージが新たに8件出力されたというもの
です。

◆ 他機能との関係
　ログのアノマリー検知の結果をトリガーとして、影響範囲分析・根本原因分
析・推奨アクションを実行します。

🔷 トポロジーの把握

AIOpsでは、ログやトレース、ネットワーク監視やインフラ監視のデータをもとに管理対象のコンポーネント間の関係性を把握します。この情報は構成の変更に伴って動的に更新されていきます。水平および垂直のトポロジー情報（後述）を取得しておいて、障害発生時に根本原因分析や影響範囲分析に利用します。

◆ 水平トポロジー

水平トポロジーとは、トランザクションを中心としたコンポーネント間の依存関係のことです。下図に、水平トポロジーについてイメージを示します。

●水平トポロジー

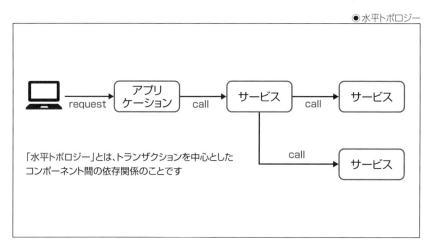

AIOpsは、アプリケーションやサービスが出力するログやトレースから情報を集めて、これらコンポーネント間の依存関係を検出します。

◆ 垂直トポロジー

垂直トポロジーとは、コンポーネント間の構成上の依存関係のことです。次ページの図に、垂直トポロジーについてイメージを示します。

● 垂直トポロジー

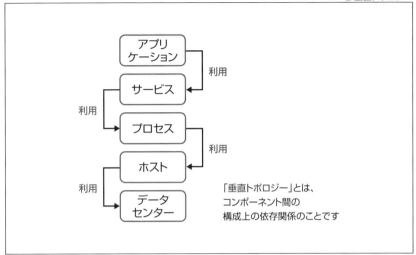

AIOpsは、ネットワーク監視・プロセス監視・ログやトレースから情報を集めて、これらコンポーネント間の依存関係を検出します。

根本原因分析

根本原因分析は、異常を見つけた場合にその原因を提示します。

ここで、**異常**とはメトリクスの閾値越え、プロセスの停止、アノマリーの検知など特定時点の事象のことであり、それがイベントやイベントを相関させた問題の形式をとる場合や、単一メトリクスの異常のようなシンプルな事象を指す場合など、使用するツールによってさまざまです。しかし、根本的な原因を特定するためには、こうした異常にかかわるイベントを相関させて、一次的なイベントと副次的なイベントを識別することが有効となります。そのため、たとえば、Dynatraceでは複数のイベントを相関させて「**プロブレム**」として扱います。

次に、異常の原因の分析を行います。Datadogでは、事前定義された事象タイプ（変更作業やトラフィック増加など）から根本原因を推定します。同時に、あらかじめ通常時にアプリケーションとインフラの各コンポーネントがどのような依存関係を有しているかを学習しているため、異常を見つけた場合には、コンポーネント間の依存関係と前述の事象タイプを使って、根本原因の候補を提示することができます。

5 AIOpsで活用される技術・アルゴリズム

◆ メリット

根本原因分析のメリットは次の通りです。

- 障害事象に対する迅速かつ的確な対応が可能となる。
- 根本原因でないアラートに対する無駄なワークロードをなくせる。

◆ 実現方法

まずは複数のイベントをグルーピング、同時に一次的なイベントと副次的なイベントを識別します。この処理には、次の情報を利用します。

- イベント発生元コンポーネントのトポロジー情報
- イベントに対する相関性の学習結果

次に根本原因を分析して提示します。この処理には次の方法があります。

- ストーリーにマッチするか確認する。
  - あらかじめ事象と原因のセットを登録しておく(ツールベンダーから提供される情報またはユーザーが独自に登録した情報)。
  - 学習した結果として、事象と原因のセットを自動的に登録する。
- 事前定義された事象タイプから原因を確認する。
  - アプリケーションやミドルウェアの変更(ITSMツールからの情報)。
  - トラフィック増加。
  - インスタンス障害。
  - ディスク容量不足。

参考までに根本原因分析の代表的なAI技法を下記に示します。

- クラスタリング
- k-means
- パターンマッチング
- FTA(Fault Tree Analysis)

統計技法として一般的な下記の技法を組み合わせて利用します。

- 分散
- 標準偏差
- 回帰分析
- クラスター分析

下図にDatadogにおける根本原因分析の画面イメージを示します。

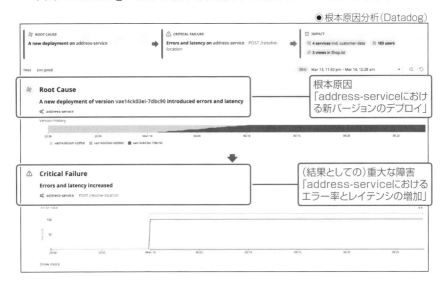

● 根本原因分析（Datadog）

上図では、サービス「address-service」で発生した障害について根本原因を提示しています。具体的には、アプリケーションの新バージョンのデプロイが根本原因であり、その結果としてエラー率とレイテンシーの増加が起きたとしています。

◆ 他機能との関係

根本原因分析の結果を、影響範囲分析および推奨アクションに結び付けます。

◈ 影響範囲分析

異常検知時にコンポーネントやユーザーへの影響を提示します。影響範囲には、**関連するコンポーネントへの影響だけでなく、アプリケーションを使用しているユーザーやその先の業務への影響も含まれます。**

例として、ECサイトを提供するシステムで特定のネットワークが停止した場合を考えてみます。AIOpsは、停止したネットワークが特定の決済サービスとのシステム連携に利用されていることを見つけ、次にこの決済サービスに関連したユーザー影響・業務影響を特定します。それにより、決済サービスを利用したユーザーへの対応が必要なことがわかるようになります。

5
AIOpsで活用される技術・アルゴリズム

◆ メリット

影響範囲分析のメリットは次の通りです。

- ユーザーやコンポーネントへの影響度を把握することで、優先順位を付けた対応ができる。

◆ 実現方法

影響範囲分析は次のような流れで実現します。

1 あらかじめ水平および垂直のトポロジー情報を取得しておく。トポロジー情報によりコンポーネント間の依存関係が把握できるため、それをもとに**2**以降の観点で影響を分析する。

2 影響を受けているユーザー数やサービスの呼び出し数を分析する。RUM（Real User Monitoring:操作した内容や画面表示にかかった時間などエンドユーザー体験の監視）の監視結果により実際に影響を受けているユーザー数を算出する。また、ユーザー向けサービスに関するレイテンシーやエラーの情報も利用する。

3 影響を受けているコンポーネント（アプリケーション、サービス、インフラストラクチャ）を分析する。コンポーネントへの影響は、機能の生死だけではなくパフォーマンスの観点でも分析する。

下図に、Dynatraceにおける影響範囲分析の画面イメージを示します。

● 影響範囲分析（Dynatrace）

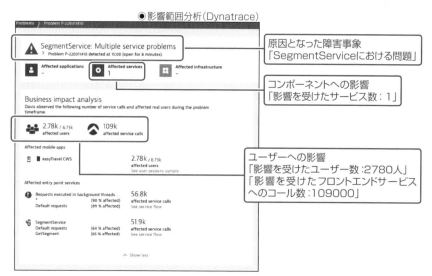

　前ページの図では、特定の障害事象による影響範囲を提示しています。図中の上側では、原因となった障害事象とそれによるコンポーネントへの影響を示しています。図中の下側では、障害発生中の利用ユーザー数とサービスコール数(ユーザーが直接利用するもの:カート・サービスなど)を示しています。

◆ 他機能との関係

　影響範囲分析の結果を推奨アクションに結び付けます。

🎁 推奨アクション

　推奨アクションは、イベント発生時に事前定義されたアクションの推奨を行うものです。

◆ メリット

　推奨アクションのメリットは次の通りです。

- 効果の高い対応アクションを迅速に開始できる。
- スキルのないユーザーでも対応アクションを実行しやすくなる。
- 上記により障害による影響を低減できる。

◆ 実現方法

　推奨アクションには、ストーリーと類似インシデントの2つの方式があります。

● ストーリー

　ストーリーは、アラート(単なるイベントではなく、障害イベントのノイズを取り除いたもの)発生時に、一定の条件と合致した場合、ストーリー(障害事象と原因と推奨アクションをまとめたもの)とマッピングさせた上で、推奨アクションを提示する方式です。

● 類似インシデント

　類似インシデントは、アラートを過去のインシデント内容とマッピングさせて、そのインシデントで利用された解決策を提示する方式です。

　下図に、IBM Watson AIOps – AI Managerにおける推奨アクションの画面イメージを示します。この例では、上記の類似インシデントの方式が利用されています。

● 推奨アクション（Watson AIOps）

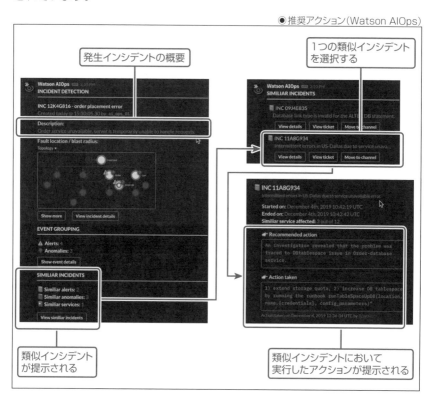

　上図では、類似インシデントによる推奨アクションを提示しています。図中の左側のウィンドウでは、アラートによって発生したインシデントに対して類似のインシデントがあることを提示しています。図中の右上のウィンドウでは、類似インシデントのリストを表示しています。図中の右下のウィンドウでは、リストから選択したインシデントにおいて実行したアクションを提示しています。

◆ 他機能との関係

　推奨アクションのインプットは、アノマリー検知・根本原因分析・影響範囲分析になります。

🔷 セキュリティ分析

セキュリティ分析は、イベントとしてセキュリティの脆弱な状態、あるいは攻撃を受けたときの異常状態の検知、アクションを推奨します。近年ランサムウェアによる攻撃など、セキュリティリスクは増大傾向にあり、IT運用の作業の中で大きな割合を占めています。そのため、この領域へのAIの適用が進んでいます。

◆ セキュリティの状態管理

OSやクラウドサービスの設定としてセキュリティの脆弱な状態になっていないかを、事前に定義したあるべきセキュリティ設定と比較して検知します。変更監視、CSPM(Cloud Security Posture Management)などと呼ばれます。

◆ アプリケーション脆弱性検知

Webアプリケーションが使用しているモジュールに脆弱性が潜んでいないかを検知し、アクションを推奨します。モジュールの脆弱性が発表された際に、修正が必要なコードを検知することによって、公表されたリスクに該当するのかを瞬時に確認することを可能とします。

下図に、Dynatraceにおけるアプリケーション脆弱性検知の画面イメージを示します。

● アプリケーション脆弱性検知のイメージ

◆ 異常行動の振る舞い検知

異常行動の振る舞い検知は、攻撃を検知するための分析です。ログや日常的に取得するバックアップから異常行動の振る舞いを検知します。アクセスログ、通信の流れ、ファイルの変更などをもとに、パターンとのマッチング・通常状態からの逸脱を発見して攻撃を検知します。

実行

　AIOpsは、分析の結果をさまざまなアクションに結び付けます。1つは人が行う意思決定の支援であり、もう1つはシステムによる自動処理です。

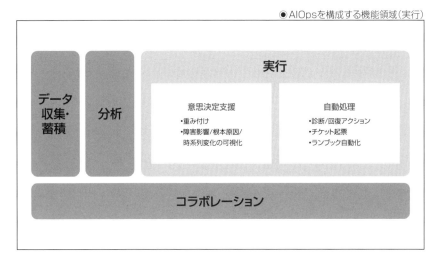

●AIOpsを構成する機能領域（実行）

🗊 意思決定支援

　「重み付け」と「根本原因/障害影響/時系列変化の可視化」により、人が行う意思決定を支援します。

◆ 重み付け

　AIOpsは、その分析結果により人が行う意思決定を支援します。**重み付け**は、さまざまなロジックをベースに取るべき選択肢を示します。

　障害状況の表示における重み付けを例に説明します。

　コンポーネントの障害をただ表示するのではなく、ビジネスへの影響度による重み付けを行って、より影響度の大きいもの（ユーザー数が多かったり取引額が大きいアプリケーションに関連する場合など）をリストの上部に表示する、目立つ色で表示することで、正しい意思決定を支援します。さらにその重み付けを人が随時設定するのではなく、現在のシステム構成、ユーザー数や取引量などをAIOpsが学習し、現時点での影響度（＝重み）を動的に判断することで、より正確な意思決定が可能になります。

ITSMデータを分析した結果も、単に表示するのではなく、意思決定しやすいように意味のある観点から重み付けやグルーピングを行った上で提示します。

AIOpsにより、サービス影響が大きいインシデントの共通項を提示してより効果的な運用改善を支援したり、前月から大きく変動したKPIを抽出して潜在的な問題を発見することが可能になります。

このように、**ITSMデータを可視化してインサイトを得ることで、IT運用全体の改善を進める**ことができます。

下図は、重み付けにより意思決定を支援するSplunkの画面イメージです。

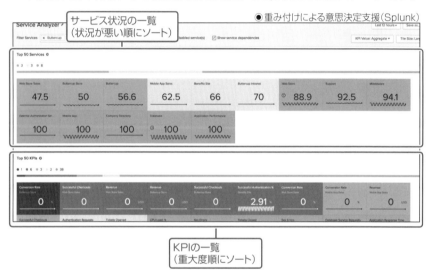

上図では、サービス状況およびKPIに関してアクションすべき対象が一目でわかるように提示されています。

図中の上側では、サービスの状況の一覧を提示しています。状況が悪い順（Health scoreが少ない順）にソート・色分けされて表示されています。図中の下側では、KPIの状況の一覧を提示しています。重大度順にソート・色分けされて表示されています。

なお、KPIごとの閾値と重大度の設定は手動または自動で実施しますが、その際に重み付けがされることになります。

◆ 根本原因/障害影響/時系列変化の可視化

AIOpsでは、障害発生時に「どこが原因で、それによってどんな影響が発生し、自動ないし手動の対応によってその影響がどのように変化していくか」をリアルタイムに表示したり事後にシミュレートすることができます。それにより、下記の実現を支援します。

- 根本原因を把握して、迅速な対応を行う。
- どこに影響がでるかを把握し、影響を低減するために先回りして手を打つ。
- 可用性が低かったりパフォーマンス上のボトルネックとなっているコンポーネントを特定してシステム構成の改善に結び付ける。

下図は、根本原因/障害影響/時系列変化を可視化したDynatraceの画面イメージです。

●根本原因/障害影響/時系列変化の可視化(Dynatrace)

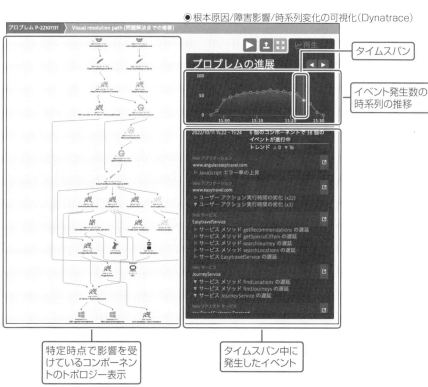

特定時点で影響を受けているコンポーネントのトポロジー表示

タイムスパン中に発生したイベント

　前ページの図は、問題が発生してから解決されるまでの時系列での影響範囲の推移を提示しています。

　図中の左側では、特定時点（タイムスパン）で影響を受けているコンポーネントをトポロジー表示しています。

　図中の右上では、イベント発生数の時系列の推移と、表示中のタイムスパンを表しています。図中の右下では、タイムスパン内で発生中のイベントを表示しています。

　これらは、**AIOpsなしではほぼできない**ことであり、人手でやろうとしても多くの労力と時間がかかるもので、**AIOpsの大きな利点**といえます。

　さらに、AIOpsでは人に対する意思決定支援だけではなく、インサイトに基づいて自動処理を実行させることができます。

🔷 自動処理

　システムによる自動処理として「診断/回復アクション」「チケット起票」「ランブック自動化」が挙げられます。

◆ 診断/回復アクション

　診断/回復アクションは、障害アラート発生時やアノマリー検知時に情報収集手順や回復手順を自動化することで、障害対応を迅速化しサービス停止時間を極小化しようというものです。

　これまで、障害対応は人手で行われてきました。監視システムによる検知こそ自動化されていましたが、その後の運用オペレーターによるアラートの視認と運用SEへの連絡、運用SEによる情報収集や初期対応はすべて手動でした。

　場合によっては最初の情報収集の段階で、データセンターへの入館手続きと作業用の特権IDの払い出しを行った上で運用SEがサーバーにログインする必要があることもあります。このような状況では、サービス停止時間の極小化はおぼつかないといえます。

　そのため、情報収集（診断アクション）と一次対応（回復アクション）の自動化が必要となります。障害にはさまざまな原因と状況が考えられるため、診断アクションでは特定の原因を想定した情報収集を行うのではなく、**回復アクションを自動実行するための情報を収集**します。

　回復アクションについては、影響の少ないロードバランサーでの障害サーバーの切り離しなどを選択します。

　ここで注意が必要なのは、**回復アクションの実行前に、障害状況を記録/保存しておくこと**です。具体的には再起動などでクリアされてしまうログを先に退避しておくことなどが考えられます。

　これらの診断/回復アクションを実現するには、あらかじめスクリプトなどにSW製品のコマンドを記述して実行することが考えられます。しかし、AIOpsを利用すると状況に応じた対応をすることが可能になります。たとえば、根本原因分析を行った上で、原因と考えられるコンポーネントについてより詳細の情報収集を行うなどです。

　また、アクションの実行は後述するランブック自動化で行うことが推奨されます。

　下図に、一般的な障害対応のステップと診断/回復アクションで自動化される部分について示します。

● 障害対応のステップと診断/回復アクション

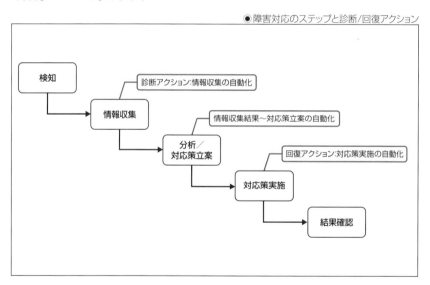

　「情報収集」のステップでは、障害検知を受けて、診断アクションとして回復アクションを立案するための情報を収集します。「分析/対応策立案」のステップでは、診断アクションの結果をもとにルールベースで対応策を立案します。「対応策実施」のステップでは、前ステップで立案された回復アクションを実行します。

　これらのステップは、前節で解説した根本原因分析や推奨アクションといったAIOpsの分析機能と連携して実装されるべきです。

◆ チケット起票

　障害発生時の対応としてインシデント管理が行われますが、**チケット起票**はインシデントチケットを自動起票するものです。

　チケットの自動起票は、アラート発生時に監視ツールがITSMツールのAPIやコマンドを実行する形で実現されてきたもので、一般的な自動化です。AIOpsにおけるチケット起票は、さらにコラボレーションの目的で行われます。

- AIOpsから人に対する情報連携やエスカレーション
- AIOpsから他システムに対する連携
- 他システムからAIOpsに対する連携

　前述の監視アラートで考えてみます。これまでは監視ツールがルールに従って機械的に判断し、所定のグループ向けのチケットを発行するだけでしたが、AIOpsがチケットを発行することにより、より状況に即した正確な担当者をアサインしてチケットを発行できるようになります。また、AIOps自身が対応を行う場合、自分の担当範囲を超えた内容については、適切な担当者やシステムにディスパッチを行うことができます。

　このように、**インシデントチケットを起票して管理することでAIOpsと人、AIOpsと他システムの連携がスムーズにできる**ようになります。

◆ ランブック自動化

　ランブック自動化は、手動操作を必要としない手続きによってIT運用の効率化・迅速化・省力化を実現します。それにより、IT運用者は、より価値のある革新的な作業に時間を使うことができます。

　ランブックは複数の処理（ツールによりますが、Automationと呼ばれることがあります）から構成されます。個々のAutomationのタイプとしては、次の例があります。

- Script/Command
- HTTP（API）
- Ansible Playbook
- GitHub

「Script/Command」では、Linux系サーバーであればbash、Windows系サーバーであればPowerShellを実行します。

「HTTP（API）」では、パブリッククラウドのAPI経由でリソースを新規デプロイしたり設定変更したりするなどのアクションが考えられます。

「Ansible Playbook」では、AnsibleのPlaybookやAnsible Automation Platformのジョブの起動を行います。

「GitHub」では、GitHub（あるいはGitHub相当のCI/CDツール）に対する次のようなアクションの実行が考えられます。

- イシュー作成によるバグやリクエストの追跡開始
- コードのコミットによるビルド/テスト/リリース

ランブックは、運用作業に伴って人が任意に起動する場合もありますし、特定のイベント発生時に自動起動する場合もあります。また、起動されたランブックは、完全自動とすることもできますし、人による確認やパラメーター入力を行わせる半自動にすることもできます。

ランブックは、ユーザーが自由に開発し、承認者から承認を得たものが公開され利用可能な状態となります。個々のランブックは、特定のユーザーグループに実行を許可します。ランブックの説明に、実行の前提条件や処理内容を登録しておくことで、適切に利用できるようになります。ランブックの新しいバージョンが公開されると古いバージョンはアーカイブされ、必要時にロールバック可能です。

ランブック自動化により、**障害アラート発生時やアノマリー検知時に情報収集手順や回復手順を自動実行し、障害対応を迅速化する**ことができます。また、作業手順を標準化して共有することもできるようになります。

5
AIOpsで活用される技術・アルゴリズム

下図は、ランブック自動化の利用イメージです。

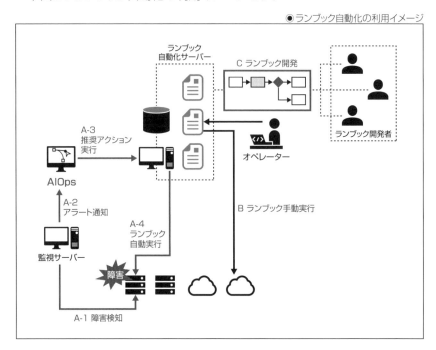

● ランブック自動化の利用イメージ

　ランブックは、AIOpsの推奨アクション機能により自動的に起動することができます（図中A-1〜A-4）。また、必要に応じて手動実行することができます（図中B）。ランブックの開発は、開発環境（GUI）を利用して複数人で知見を共有しながら共同作業で行うことができます（図中C）。

コラボレーション

　AIは素晴らしい分析結果・洞察を提供しますが、関連する運用ツールとの連携、人との協業によって、より高い効率化を運用の現場にもたらします。ここではAIOpsによるツールや人との**コラボレーション**について解説します。

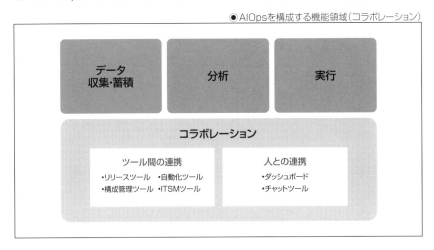

●AIOpsを構成する機能領域（コラボレーション）

🔹 ツール間の連携

　AIOpsは情報の収集と実行のために各種の開発・運用ツールと連携します。代表的なツールとAIOpsとの連携内容を下表に示します。なお、AIOpsの機能はこれらのツールにも実装されます。

●代表的なツールとAIOpsとの連携内容

ツール	具体的な技術	連携内容
リリースツール	Jenkins、Tekton	リリース情報の取得 リリースのフォールバック
自動化ツール	Terraform、Ansible、UiPath	自動化実施結果のAIOpsへの連携 AIOpsの洞察に基づく自動化処理の実施
ITSMツール	ServiceNow、 BMC Remedy、SMAX	インシデント・変更チケットの連携 AIOpsからのチケットの起票 構成管理からの付加情報提供

　連携を実現するためには、**ツール間でピアツーピアで連携する構成、ハブとなる情報連携基盤を介する構成、APIを集約する基盤を使って連携する構成**などが考えられます。連携のためのシステムとして、APIゲートウェイを活用することがあります。

🔷 人との連携

AIOpsと関係するのは、SRE・オペレーターなどの運用者、アプリケーション開発者、ビジネス影響を把握する経営者などです。これらの関係するメンバーに対して、AIOpsは下記のインターフェイスで連携します。

- AIOpsから人に一方向のコミュニケーション：通知を目的。コンソールやダッシュボードがインターフェイス。
- 人とAIOpsが双方向にコミュニケーション：人による調査、作業を目的。チャットツールがインターフェイス。

ここでは、ダッシュボードやチャットツールを例として、詳細を紹介します。

◆ ダッシュボード

ダッシュボードは、AIOpsから得たい特定の目的に沿って必要とする情報を一覧としてまとめたものです。下表に示す通り、利用者によって必要とする情報が変わります。また、ダッシュボードを起点に情報のドリルダウンをするなどツールの入り口としても利用します。表示はデータ更新により、リアルタイム、あるいは短い頻度で更新されます。

●ダッシュボードの例

利用者	ダッシュボード	表示項目例
経営者	ビジネスダッシュボード	業務の稼働状況、障害状況、ビジネス影響
アプリケーション担当者	アプリケーションダッシュボード	アプリケーション稼働状況、性能ボトルネック、コードの改修アイディア
運用担当者	運用ダッシュボード	インシデント発生状況、リソース使用状況、運用改善アイディア
セキュリティ担当者	セキュリティダッシュボード	全システムのリスク評価サマリー、脆弱性の検知情報、セキュリティ設定の逸脱情報
コスト管理者	コストダッシュボード	クラウドの課金情報、リソース使用状況

◆ チャットツール

SlackやMicrosoft Teamsなどの**チャットツール**をインターフェイスにして、AIOpsからの通知、AIOpsへの情報の依頼、後続の自動処理の実行を対話形式に進めます。チャットツールにインターフェイスを集約して運用することを**ChatOps**と呼びます。

　ChatOpsでの対応例を下図に示します。この図ではチャットツールで受けたインシデントの通知に対して、担当者が接続しているサーバーを確認して影響を受けるシステムを把握しています。従来はインシデントの通知をオペレーターから受けると、システム構成図を確認するために文書を探したり、サーバーにログインして確認したりしていましたが、ChatOpsではこれを**1つのインターフェイスに集約して効率的に進める**ことができます。

●ChatOpsでの対応例

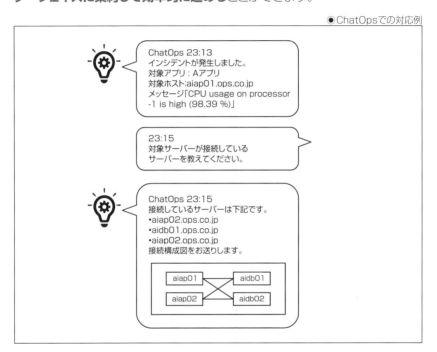

　複数の関係者が対応に関わる大規模な障害の対応もChatOpsは効率的にします。

　次ページの図ではChatOps導入前後での対応の変化を示しています。従来は障害対応の指揮者であるインシデントコントローラーが、発生している障害情報から個別に関係者を呼び出し、さまざまなインターフェイスを介して情報を確認していました。さらに回復状況もそれぞれの担当者に確認していました。

　ChatOps導入すると、インシデントコントローラーはチャットツールを介して必要なSEを呼び、ビデオ会議を開設します。SEは対応を同じチャットの会話上で進めるので、対応状況の把握も容易になります。

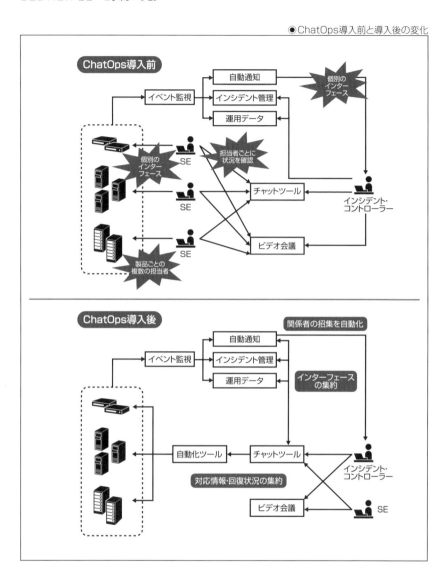

●ChatOps導入前と導入後の変化

本章のまとめ

本章では、下記について学びました。

- AIOpsの機能領域
  - ○「収集・蓄積」：データとデータソースの種別、データの収集・蓄積方法
  - ○「分析」：5つの分析手法についての概要・メリット・実現方法
  - ○「実行」：意思決定支援、自動実行
  - ○「コラボレーション」：ツール間の連携、人との連携

AIOpsの機能領域の全体像を下図に示します。

●AIOpsの機能領域の全体像

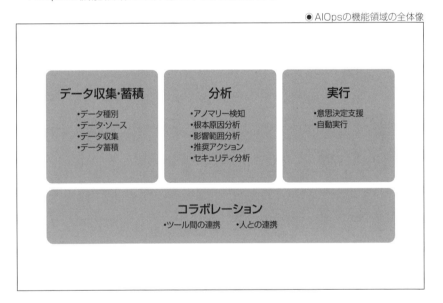

CHAPTER
06
AIOpsの実践

>>> **本章の概要**

　前章ではAIOpsで用いられる技術やアルゴリズムについて学びました。AIOpsと一言でいっても、適用範囲によって期待できる効果、実装に必要となるスキルやアプローチはさまざまです。本章では、AIOpsを運用の中で活用し、現場で定着させるための具体的な進め方を解説します。

AIOpsの実践の全体像

「AIOpsの活用」のように運用の中で新しい取り組みをするときには、次の4つのステップに従って進めていきましょう。これは、運用改善を進める上でよく行われるアプローチです。

- ステップ1：目標設定
- ステップ2：あるべき姿の検討
- ステップ3：試行・効果測定
- ステップ4：展開・継続的改善

● 実践のサイクル

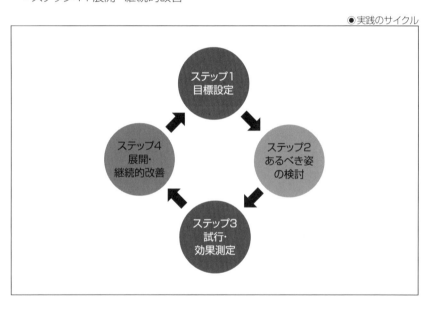

まずは、AIOps適用による目標設定を行います。次に、実現したい目標に対する現状を把握し、あるべき姿を定めます。あるべき姿が定まったら、AIOpsを実際に適用し効果測定を行います。適用の結果、狙った効果が実現できることを確認できたら、適用範囲や対象を広げて効果を拡大していきます。

　AIOpsと一言でいっても、前章で紹介したいくつもの技術領域に対する多様な製品やサービスが提供されており、どの機能を活用すると高い効果を得ることができるかは運用しているシステムや運用する体制にもよるため、一概にはいえません。また、一度にAIOpsをフル活用した運用体制を現場全体に適用しようと計画すると、はじめからまとまった予算や多くの学習時間が必要となってしまいます。

　そのため、AIOpsの実践を始める段階においては、**実現可能な規模の目標を実現すること**から少しずつ活用範囲を広げるように計画するのがおすすめです。

　特定の領域にフォーカスしてAIOpsの活用が開始できたら、この流れを繰り返して効果を大きくしていきます。徐々にチーム全体にも取り組みを浸透させ、**AIOpsを活用した運用体制**を醸成していきます。

AIOps活用のステップ

ここでは、4つのステップの概要を順に説明します。各ステップでは、AIOps
の機能を現場に適用するための流れを、簡単な例を示しながら説明します。

◆ ステップ1：目標設定

AIOpsで実現する目標を設定します。ここではIT運用の品質向上・コスト
削減・効率化など達成したいことを設定し、**KPI(Key Performance Indi
cator)** として目標を定量化します。

目標設定に悩む場合は、CHAPTER 03の33ページにあるコラム(IT運
用プロセスと主な機能要件例)に示されているようなIT運用プロセスの例そ
れぞれに対して、どのような改善が必要かを検討してみましょう。

たとえば、**インシデント管理業務** においては「不要なインシデントの検知・
通知を削減したい」、**パフォーマンスやキャパシティの管理業務** においては、
「効果的なリソースの配置で資源のコストパフォーマンスの最大化を図りた
い」などです。これらは、ハイブリッド・マルチクラウド環境の運用課題のうち、
「信頼性」や「グリーン」に関する課題にアプローチするものです。効果・目標
は定量的に評価ができるよう、具体的に設定します。KPIの測定はシステム(実
機)、または運用現場から取得できるデータをもとに評価ができることが望ま
しいです。また、最初は、達成が比較的容易と考えられるKPIを設定し、徐々
にステップアップしていくのがおすすめです。

◆ 目標設定の例

目標設定の例を見ていきましょう。

たとえば、ビジネス機会の損失を少なくするために「販売管理システムで発
生する障害をもっと早く解決しなければならない」という"課題"に対して、障害
からの復旧対応にいち早く着手するため「障害発生連絡が回復担当者に届く
までの時間を短くする」という"目標"を設定したとします。

　"課題"の解き方はいくつもありますが、ここでは実現可能な1つの切り口にフォーカスしています。障害をいち早く検知し回復対応ができる担当者に通知することは、課題解決につながる有効な"目標"です。

　KPIとしては、「**障害発生通知の平均時間**」を設定します。最初は活用範囲が限られる形での適用となることもあるので、適用対象に対するKPIの評価を行います。障害からの復旧時間が短くなった場合の効果を評価することを考えると、ビジネスに対する**重要性が高いシステム**に対して適用を進めたほうが、高い効果を創出できます。

　実際の現場でもAIOpsの適用を段階的に進める場合には、特定の重要なシステムにスコープを当てて効果の早期創出を狙っていくのは有効な戦略です。

　次に、定めたKPIにおける現状値を確認します。たとえば、現状の平均時間が60分だったとして、目標値を15分にしたいとします。これをまとめたのが次の表です。

●目標設定の例

目標	KPI	現状値	目標値
販売管理システムの障害通知時間を短縮	平均障害通知時間	60分	15分

🗂 ステップ2：あるべき姿の検討

　設定した目標に対して、実際の運用現場における状況を確認しましょう。その状況に対して、目標を実現するための実装方法を検討し、あるべき姿を考えます。このときの実現施策として、CHAPTER 05で紹介した技術を活用します。

　AIOpsを活用した**製品それぞれに得意とする分野**があり、実現できる機能が異なります。活用した機能が特定できている場合には、実装方法の検討として、機能が想定通りか、どちらの製品が望ましい結果を得られるかといった観点で類似製品の比較検討を行いましょう。

　「販売管理システムの平均障害通知時間の短縮」における「あるべき姿」を検討した例を紹介します。

現状の流れを確認したところ、下図の通りでした。

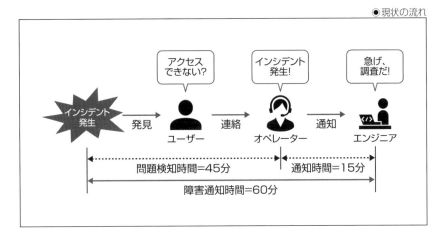

● 現状の流れ

この現状に対するあるべき姿を実現するための実装方法を考えます。

現場では、従来のやり方でシステム基盤の監視は実装されていました。しかし、実際にはユーザー影響を事前に捉えることができていないケースがあり、それが問題検知の遅延につながっていることがわかりました。この課題に対する解決方法として、「**アノマリー検知**」の実装が有効です。

複雑化したマルチクラウド・ハイブリッドクラウドな環境において、**サービスの切り口でモニタリング**を行うことが重要になってきています。しかし、サービス監視の実装は、提供するサービスにより特性が異なるため決まった閾値を定めるのが難しく、**「標準化された設定値管理」により実装を効率化してきた基盤監視**とは異なるアプローチが必要です。さらに、アプリケーションの構成に基づき、多様な項目から何をモニタリングすべきかを検討する必要があります。手作業で効果的な監視設定を行うには、アプリから製品のレベルまでカバーできる幅広いスキルと手間がかかります。

このような環境背景において、正常状態を実機のデータから自動的に取得・分析して学習し、異常な傾向を検知した際に問題として検知してくれる「**アノマリー検知**」は、AIOpsの特性をうまく活用し、未知の異常に対してサービス監視を効果的かつ効率的に行うために有効です。

実現する機能が決まったら、どの製品・サービスを使って実装するかを検討します。ここでは製品の選定に加えて、どのような環境で機能を実装・評価するかを検討します。

◆ 製品・サービスの選定

製品選定のアプローチとしてよく用いられるのが、調査会社がリリースする調査レポートです。たとえば、ガートナー社が毎年公開しているMagic Quadrantが有名です。

ただ、製品はそれぞれに得意分野や実装時の制約と必要となるコストが異なります。比較したい製品をいくつかピックアップしたら、それぞれの製品・サービスを提供しているベンダーやコミュニティから情報を収集し、適用したい環境や要件に適合するサービスの選定を行いましょう。

2022年6月に公開された**APM and Observability**のMagic Quadrantでは、「Dynatrace」と「Datadog」、「New Relic」の3つの製品がLEADERSの区分にカテゴライズされています。APM（Application Performance Management）やAIOpsの機能を提供するソフトウェアの進化は目を見張るものがありますが、執筆時ではそれぞれ次のような特色があります。

● Dynatrace

監視を開始するまでの**構成作業が最小限**で、監視対象の発見や**AI（Davis AI）**による優れた問題検出の能力を持ちます。**メインフレーム**を含めたフルスタックの可視化を可能とします。

● Datadog

課金体系が細かく設定されており基盤監視を**小規模から**開始できます。**ダッシュボード**が数多く提供されており、それらをカスタマイズすることでダッシュボードの活用がしやすいです。

● New Relic

ユーザー単位のライセンス形態で可観測性を向上するための機能を拡張しやすいです。New Relicクエリ言語を使用して**詳細なデータ分析と可視化**をすることができます。統合開発環境（IDE）との連携といった**開発者支援機能**も特徴です。**リアルタイムエラー解析**によって発生したトラブルの分析を支援します。

　98ページの図で現状の流れを確認した例に戻ります。現状確認では、必要な監視の仕組みを入れているにもかかわらず、システムを利用するエンドユーザーからの問い合わせで、はじめて異常に気づいているケースがあることがわかりました。その結果、障害が発生してから回復担当者に情報が届くまでの平均時間が、基盤設計時の想定よりも長くかかってしまっている状態となっていました。

　さまざまな形態のクラウドサービスの利用やそれに伴うシステム構成の複雑化によって、**従来システムで機能していた死活・リソース監視の仕組みがカバーできる範囲では、エンドユーザーに対するサービス品質を守ることができなくなってきている**という状況は、近年多くの現場で聞かれるようになってきています。

　このような状況におけるあるべき姿は、エンドユーザーが異変に気付く前にシステムの異常を検知することです。また、検知した情報は、自動的に担当者に通知することで、オペレーターが連絡を手作業で行う時間を短縮します。

◉あるべき姿

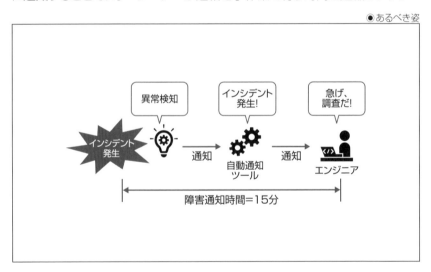

◉目標に対する実現方法の例

目標	実現方法	実装方法
障害検知時間の短縮	アノマリー検知による異常の自動検知	APM製品の利用

　AIOpsを扱う製品の多くは変化・成長が著しく、バージョンアップとともに**機能追加や画面の変更なども頻繁に行われます**。そのため、一度、製品比較を行ってから時間が立った場合には更新を確認すると良いでしょう（資格試験のために勉強をしても、気付いたら画面やメニュー構成がガラッと変わっていて手順に迷ってしまうこともよくあります）。

　適用対象の環境に対する製品選定は自分で行うとなかなか手間がかかるので、経験の豊富なベンダーの力を借りるのも1つの選択肢です。

◆ 実装して評価する環境の検討

　製品や適用対象が決まったら、実装対象とする環境と構成の**基本設計**を進めます。情報収集や導入するエージェントの稼働負荷が業務に与える影響の評価など、**非機能的評価**も考慮に入れましょう。

　また、監視を行うために**アプリケーションや画面のコードへの変更**が必要な製品もあるので、実装にあたりどのチームに協力を仰ぐ必要があるかも意識して計画や調整を行いましょう。

　本番や開発環境への適用が難しい場合や、変更アセスに時間をかけずに早期の開始を優先する場合には、**PoC（Proof of Concept）**用の環境を作るのもよく行われるアプローチです。

●実現方法の設計例

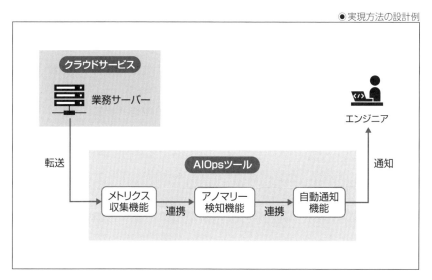

6
AIOpsの実践

🔷 ステップ3：試行・効果測定

　製品・環境選定と基本設計ができたら、実際の製品を使って評価を行います。評価を行う対象範囲を小さく定め、**スモールスタート**で開始することで、実装にかかる初期コストや時間を抑え、製品の使い方や特性を早期に習熟することができます。しかし一方で、得られる情報量や種類は少なくなります。

　目標と適用対象がはっきりしているケースでは、スモールスタートでのアプローチがとても有効です。しかし、**目標が曖昧なケース**や、**実装することによる効果の大きさそのものを検証することを目的としているケース**では、対象を小さくしすぎてしまうと期待した評価を行うことは難しくなります。

　効果がわからないうちから適用対象を広げることはコストの観点からも難しいことが多いので、CHAPTER 05に挙げた**AIOps機能の全体像**から、優先度の高い領域から進めるなどアプローチを検討しましょう。

　ここでは「よくわからないけどまずは使ってみる」という場合に、**評価対象を小さく設定しすぎる**と、せっかくメンバーと時間を費やしても十分な結果が得られないことがあるということを頭の片隅に覚えておきましょう。

◆ 製品を使った評価

　製品を使った評価を行う際に、機能によって大きく2つのアプローチを取ることになります。

● 過去データを用いた評価

　蓄積したデータをもとに分析を行うことで期待した結果が得られるかどうかを評価する場合には、既存システムに蓄積されたデータをAIOps製品で処理させることで、過去データを用いた検証を行うことができます。

　たとえば、過去に大きな障害が発生したことを受けて、その発生の予兆検知をしたいというようなケースにおいては、通常稼働時と障害発生時のログやシステムメトリクスデータをインプットに、AIOpsが期待する結果を出してくれるかどうか、分析やチューニング設定を行います。インプットとなるデータを用いて問題の予兆をとらえ、障害を早期に検知をしてくれるかどうかを実データをもとに確認することで、AIOps導入の**実際の効果を目に見える形で**実装することが可能となります。

　一方で、表面的な実装手段に気を取られると、すでに使用している従来ツールをカスタマイズすることで安価に課題が解決できるのではないかと、評価が別の方向に流れ、AIOps製品を導入するメリットが正しく評価されないこともあります。その場合には製品による効果をより多角的に計画し、将来的なあるべき姿を描くことが重要です。

● 実環境を用いた評価

　現場で必要なデータを取得・蓄積できていない場合には、実際の環境にAIOps製品を導入することで、どのような情報が取得・分析できるのかを確認します。この場合は、障害が発生しないと実際の動きや効果を見ることができず、導入効果の評価が難しくなります。

　そのため、ある程度、使用する**製品の特性や動きを勉強・理解**しながら、業務システムの正常性を識別するための重要な指標に基づいた監視設計を行う必要があります。

　特に、AIを活用した「**アノマリー検知**」は実機データから正常時のシステムの動きや状態を学習し、そこから作成したモデルを用いて異常状態を自動的に検知します。これは、これまで異常検知の閾値を明確に設定して実装してきた従来型のインフラ基盤の監視と異なり、**「何を異常とするか」を人間が把握しなくても設定が完了**します。このため、製品の動きを正しく勉強し理解しておくことが必要です。

　実装してみたものの実際に障害が発生するまで長期にわたってその効果を実感できなかったり、アノマリーを事前に検知できず障害が発生してしまったりするようなケースで、異常検知の対象外のコンポーネントや動きが原因であるにもかかわらず**製品の適用効果に対する不当な不信感**を持ってしまい、本来の活用の機会の喪失につながることもあります。

●製品を使った評価

試行・評価の流れ	使用する環境	評価の容易さ	注意点・取るべきアプローチ
過去・蓄積データを用いて機能を評価する	PoC環境開発環境	狙った目標に対する効果の有無が評価できる	効果に対するコストが高いと評価されることがある多角的な利用を計画していく
実装後に実環境・データで機能評価を行う	開発環境本番環境	正常状態の確認はできる実際に障害が発生しないと評価が難しい	正しい評価に時間を要する製品の設定や動作を勉強したり、異常状態を疑似的に発生させ評価を行う

AIOpsの製品を使う場合は**AIに一部の仕事を任せる**ことになるため、従来の製品と比較してその動作を理解し、効果を正しく評価することが簡単ではないことがあります。そのため、製品を正しく活用し広く展開するためにも**試行・効果測定のステップ**がとても重要です。これまでに示したように、特定の目的だけでなく多角的な利用を計画したり、疑似的に異常状態を作り出すことで評価を行うことも1つの有効な手段です。

また、コストの観点では、製品の**トライアルライセンス**を利用することができる場合もあります。

ただし、トライアルライセンスは「試用期間」の制約がある場合があるので、集中し取り組める体制を整えないと必要な検証が完了する前に試用期間が終了してしまうという可能性があります。一方で、製品の基本的な動きを勉強するには非常に役立つので積極的に利用しましょう。

◆ 本格的な活用に向けた準備

机上もしくは一部の検証メンバーで効果測定を進めてきた場合には、本格的な活用に向けて、**日々の作業・運用プロセスの中にAIOpsを組み込んで**活用するための変更が必要です。

現在行われている運用・保守の作業や利用している製品がAIOpsの仕組みで代替できるかを評価します。付加価値をもたらすだけでなく、現行の作業の目的を代替できる場合、作業コストが削減できる可能性があります。

現場のメンバーの仕事のやり方を変えるには、**AIOpsを用いた新しい運用手順の習熟**が必要です。また、効果を最大化するためには、現場メンバーだけではなく業務を依頼（委託）しているビジネスオーナーも巻き込むことが重要です。現場メンバーの知識だけで現状行っている作業を単純に置き換えるのではなく、業務の目的を理解して**新しい製品・機能を軸に作業を組み直す**ことが成功の秘訣です。

実運用への適用の方法が決まったら、必要に応じて手順を準備し、運用プロセスに組み込んで利用を開始しましょう。

●ステップ4：展開・継続的改善

　AIOpsを活用した運用が開始できたら、活用範囲や機能の拡大を進めていきましょう。取得するデータの種類や対象アプリケーションを増やしたり、異なるIT運用プロセスへのAIOpsの適用を進めたりするなど、**展開計画**を策定します。

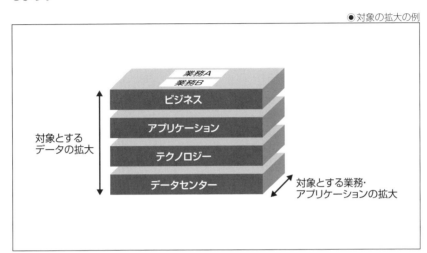

●対象の拡大の例

　ステップ1で挙げた「障害検知時間の短縮」の例でも、対象システム、活用する機能、取り組むIT運用プロセスの拡大など、その後の展開が考えられます。

●展開の例

展開例	概要
対象システム	販売管理システムから顧客管理、購買管理、ECサイトなど重要システムから順にアノマリー検知の適用を拡大する
活用する機能	アノマリー検知のみならずコラボレーション機能として、通知の自動化に取り組む
IT運用プロセスの拡大	障害対応のプロセスだけでなく、変更管理のプロセスにおいて、変更前後の異常検知の自動化を検討する

　また、AIOpsを用いた運用においても、定期的に効果の確認を行いましょう。意図していた目標が達成できているか、製品やそれを使う組織の状況や課題も変化していきます。目標に対して製品が適切でなくなっていたり、より良いものがあれば変更した方が良いケースも出てきます。AIOpsを含む最近の製品は、アジャイルに機能開発が進められ、機能追加や改善が行われるものが多くなってきています。同じ製品を使いながら、さらなる活用や効果が生み出せるケースも少なくありません。

　AIOpsを活用した業務や文化に慣れてきたら、**組織やプロセスを変える**ことも検討していきましょう。このような継続的な改善や開発を続けていくことは次世代の運用を目指す組織にとっては必須事項です。AIOpsや自動化を活用することで、実機作業や工数のかかる**単純作業から削減**できた人的リソースは、このような継続的改善を行う体制作りのためにシフトし、「働き方」に関する課題にアプローチします。**格好良い運用**を根付かせていきましょう。

6

AIOpsの実践

Dynatraceを用いた「アノマリー検知」実装手順

　例として取り上げた、**アノマリー検知**をAPM製品の1つである**Dynatrace**を用いて実装する手順を紹介します。ここでは、管理対象とするアプリケーションをDynatraceのDavis AIを用いて状態を監視し、異常な振る舞いを検知した場合にチャットツールである**Slackに通知**できるようにします。監視対象とするPCやサーバーから、DynatraceのSaaS環境へ通信ができるように安全なネットワーク経路が確保されていることを前提としています。

　なお、実際の環境では、SaaSや外形監視にも使用できる**ActiveGate**と呼ばれるProxyを持つサーバーを利用して監視対象のサイトからのアウトバウンド通信の経路を集約する構成を取ることが一般的です。

　また、通知の対象を細かく制御するため、個々の監視対象のビューから通知の設定を行うなど、運用要件に合わせて異なる手順での設定が必要なケースもあります。ここでは、手早く製品機能を体験することを目的として比較的シンプルな手順を扱います。

🗄 DynatraceのSaaSトライアルの申し込み（約5分）

　ライセンスを持っていなくても、ベンダーから提供されているトライアル環境を利用することで、手軽に機能検証を行うことができます。ここでは、Dynatraceの無償トライアルを用いて、アノマリー検知の設定を体験してみましょう。

❶ Dynatraceのホームページにアクセスし、自身のメールアドレスを入力して「フリートライアルを始める!」ボタンをクリックします。

●Dynatraceフリートライアル申し込み画面

6

AIOpsの実践

❷ 管理アカウントの作成を行います。パスワードを入力し、「Continue」ボタンを
クリックします。

●Dynatrace管理アカウントの作成

❸ アカウントの詳細情報が求められるので入力します。完了したら「Continue」
ボタンをクリックします。

●管理アカウントの詳細入力

❹ 払い出すインスタンスのリージョン（地理ロケーション）を選択します。「Submit」
ボタンをクリックすると完了です。

●Dynatraceインスタンスの地理ロケーションの選択

❺ 払い出されたインスタンスの画面に移動します。

以上で、トライアル環境の払い出しは完了です。

● Dynatraceエージェント（OneAgent）の導入（約5分～10分）

Dynatraceは、監視対象サーバーに監視エージェント（OneAgent）を導入するだけで、サーバー内の情報やログを自動的に取得する特徴があります。

❶「Dynatraceハブ」の画面を開きます。「Dynatraceのディプロイ」の画面の右上にある「新しいDynatraceハブを試す」のリンクをクリックします。もしくは、「管理」メニューから「Dynatraceハブ」を選択します。

●Dynatraceのディプロイ

❷ 今回は、Linuxサーバーを監視対象とします。「OneAgent」を選択します。

●Dynatraceハブ

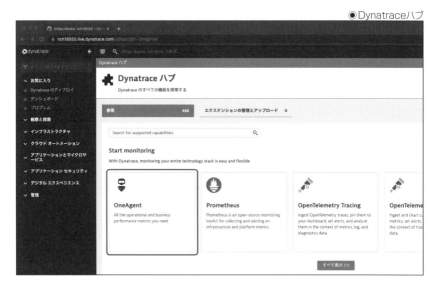

❸ OneAgentの概要の画面が開きます、右下の「Oneエージェントのダウンロード」ボタンをクリックします。

●OneAgent

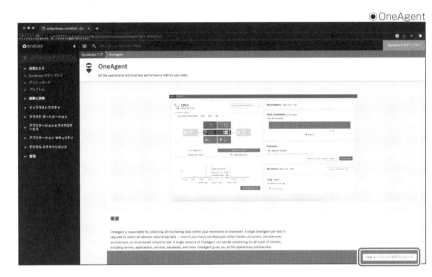

❹ 監視対象とするOSを選択します。ここでは、「Linux」を選択します。

●OneAgentのOS選択画面

❺「Linux用Dynatrace OneAgentのダウンロード」として、導入・設定手順が表示されます。

◉Linux用OneAgentのダウンロード

❻トークンは、Dynatraceのインスタンスに接続するための認証情報として使われます。空欄になっているので、入力欄右の「トークンを生成」ボタンをクリックすると、トークンが生成されて入力欄に表示されます。この情報は、同じDynatrace環境へ接続する別の監視対象の構成のために保管をしておきましょう。トークンを生成すると、以降の手順が自動的に更新されます。Unix系サーバーにおけるDynatraceのOneAgentの導入は、画面からコピー&ペーストしたコマンドの実行で完了します。

● OneAgentのインストール手順

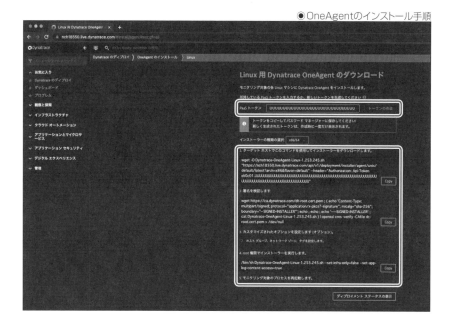

❼ 監視対象とする任意のサーバーにログインします（AWSやAzure、GCPのトラ
イアルアカウントなどでも気軽に試せます）。監視対象とするサーバーから、イ
ンターネット（Dynatrace SaaS）へHTTPSでアクセス可能である必要があ
ります。接続ができない場合には、Networkの設定などを行い、アクセスがで
きるようにしておいてください。

❽ wgetが入っていなければインストールします。たとえば、RedhatやCentOS
では次のコマンドを実行します。

```
# yum wget install
```

❾ Dynatraceの画面に表示されている手順1のコマンドをコピーしてきて、実行
します。これで、監視対象とするサーバーのカレントディレクトリに、インスト一
ラーがダウンロードされます。

❿ Dynatraceの画面に表示されている手順2のコマンドをコピーしてきて、実行
します。ダウンロードしたインストーラーが壊れていないかを確認しています。

⓫ 画面内の手順3はオプションなのでスキップし、手順4のコマンドをコピーして
きて、実行します。root以外のユーザーで行っている場合には、コマンドの冒
頭に「sudo」を付けて実行しましょう。

● OneAgentのインストール例（Linux）

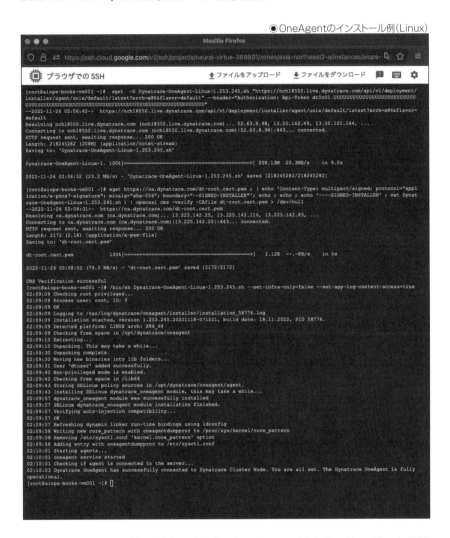

6

AIOpsの実践

これで完了です。導入が完了すると、OneAgentが自動でサーバー上の情報を収集し、Dynatraceでその情報が確認できるようになります。サーバーで動いているプロセスやCPU/Memoryといったリソース情報も自動的に取得され、蓄積された情報を時系列に見ることができるようになります。

　導入後、必要に応じて監視対象としたいプロセスの再起動を行うように指示が出力されます。プロセスの再起動により、Webページの中にトランザクションをトレースするためのシグナルを発するためのコードが埋め込まれるなど、アプリケーションの監視に必要な組み込み作業が自動的に行われます。

　OneAgentの構成が完了すると、同じ画面の下もしくは左のメニューから移動できる「ディプロイメントステータス」の画面に、監視対象のサーバーが検出されて確認できるようになっています。

●ディプロイメントステータス（OneAgent）

　サーバー名を選択すると、サーバーから取得してきた情報が表示されます。

●Dynatraceホストの画面

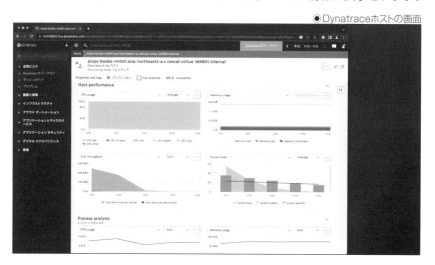

🔷 Alerting Profileの設定（約10分/スキップ可）

「Settings」→「Alerting」→「Alerting profiles」のメニューで、検知した問題をアラーティングするプロファイル設定を行います。

Alerting Profileは、検知するProblemからどのProblemをAlertingするかの絞り込み（プロファイル作成）を行います。後続の通知設定の対象に、作成したAlerting Profileを選択することで、**必要なProblemに絞った通知**を実装します。はじめは特に絞り込みが不要という場合には、Alerting Profileの作成はスキップしてもかまいません。

●Alerting Profiles

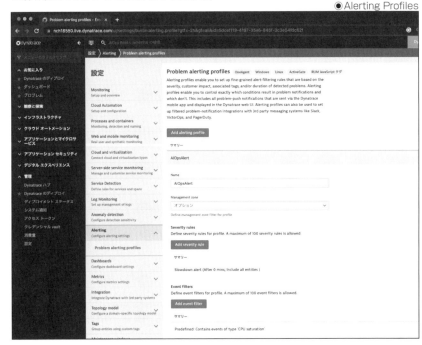

🝢 Problem Notificationの設定（約5分）

「Settings」→「Integration」→「Problem notification」のメニューで、新規通知（Notification）を登録します。

「Notification Type」から「Slack」を選択し、必要な設定を入力します。なお、先にSlack側でSlackアプリケーションの構成を行い、WebhookまたはEmail経由で通知を受け取れるようにしておく必要があります。**Slackアプリケーションの管理画面**から、「Incoming Webhook」を有効化することで表示される「**Webhook URL**」をコピーし、URLの入力欄に入力します。

「Channel」には通知先のSlackのChannel名を記載します。「Message」はカスタマイズ可能ですが、変更しなくても問題ありません。

執筆時点で、「Notification Type」（Dynatraceからの連携先）として次のオプションが選択できます。

- Ansible（ジョブテンプレートの実行）
- Custom Integration（Webhookの送付）
- Email（メールの送付）
- Jira（Issueの作成）
- OpsGenie（アラート送付）
- PagerDuty（メッセージ送付）
- ServiceNow（インシデント/ITSMまたはイベント/ITOMの送付）
- Slack（メッセージ投稿）
- Trello（カードの作成）
- VictorOps（メッセージ送付）
- xMatters（Webhookの送付）

「Alerting Profile」には、先ほど作成したAlerting Profileを指定しましょう。もし、特に対象を絞らずにDynatraceで検知される**すべてのProblemの通知**を行う場合には、はじめから登録されている「**Default**」を選択しましょう。

●Problem notification

　以上で、Dynatraceを用いた「アノマリー検知」の設定は完了です。One Agentで集められたデータをもとに、Davis AIが通常状態のステータス・挙動を学習し、異常な振る舞いが検知されるとSlackに自動で通知が行われます。

● Dynatraceプロブレムの検知

● Dynatraceプロブレムの詳細

6

AIOpsの実践

● DynatraceからSlackへの異常通知

Dynatraceでは、AIを活用した分析・予測機能が提供されているだけでなく、従来の監視製品と比較して導入や設定のようなデプロイに必要な作業も非常に簡単に行えるようになっています。

🔷 Davis AIが検知する異常状態について（AIの動きを知る）

最後に、Davis AIがどのような条件で異常状態を検知するのか、大まかな動きについて記載します。

Davis AIは正常状態を表す**ベースラインを自動的に設定して逸脱を異常として検知する方式**と、**予測に対する逸脱を異常として検知する方式**の大きく2つがあります。自動的なベースライン設定は、**接続しているユーザーのアクション**や**利用ブラウザ**などの複数の次元に分けた細かい粒度で基準となる正常状態を設定します。予測に対する逸脱は、**季節変動**といった傾向のあるメトリクスの推移に対して通常と異なる値が出た場合を異常として判断します。

これらの特定の目的にモデル化されたAIは、その道のプロフェッショナルのごとく人間の代わりに仕事をしてくれますが、その使い手が、AIの動きを大まかでも理解しておくことは提示された異常への対象を考える上でとても重要です。

特にDynatraceのような製品では、多くの作業が自動化されてしまっています。そのため、従来製品のようにデプロイ作業を通じて製品スキルを獲得して動作を学ぶということができないため、勉強のための時間を取る必要があります。

AIOps実現のロードマップ

これまでアノマリー検知といったAIOpsの一部の機能を実装する例を紹介しました。ここからは期間をかけて複数の機能を実装する例を紹介します。

期間をかけて複数の機能を実装する

複数の機能を実装して運用を変えていくことを考えると、関係する人は増えて実現にかかる期間も長くなります。**目指すゴールと道のり**の共有が大事になってきます。そのために**実現するAIOpsのゴール**を概要図として描き、**実施すべき作業**を洗い出してスケジュールを決めていきます。

AIOpsの概要図を描くためには**全体を構成する機能**と**機能ごとのつながり**を整理していきます。概要図の大枠となるのがCHAPTER 05で紹介した機能領域です。それぞれの領域でどの機能を実現するのか、そして機能ごとの関係性を図として表していきます。

100ページの図で考えた**監視して自動通知する仕組み**に**自動回復**まで実施するプラットフォームの実現を考えてみましょう。監視はアプリケーション、インフラストラクチャの2つのレイヤーのメトリクスとログを収集する想定としました。**収集したデータに対して異常検知と分析を自動的に実施するプラットフォーム**です。

この例で実現しようとした機能と実装を整理したのが、下表です。**データ収集・蓄積**と分析の各機能は監視基盤で実装するとしました。**回復処理**の機能を自動化基盤で、**人やツールとのコラボレーション**の機能を機能個別のツールを活用するとしています。**原因分析**は監視基盤と別にAI分析ツールを使うというケースもあるでしょう。他の機能も異なる実装が考えられます。環境ごとに保守性といった非機能要件を考慮して決定します。

● 障害検知自動通知の機能と実装

技術領域	機能	実装
データ収集・蓄積	アプリケーション監視 インフラストラクチャ監視	監視基盤
分析	アノマリー検知 根本原因分析 影響範囲分析	監視基盤
実行	自動処理（回復アクション）	自動化基盤
コラボレーション	自動通知 ダッシュボード チャットツール ITSMツール	自動通知ツール 運用ダッシュボード ChatOps/チャットツール ITSMツール

　次に各機能・実装間の関係性を整理します。これを表したのが下図で、今回想定したAIOpsの全体像です。運用対象サービスと監視基盤の関係性は、そのサービスのメトリクスを監視基盤が収集するために結ばれています。関係性として監視基盤とコラボレーションのための各ツール、ITSMツールと自動化基盤が繋がっています。チャットについてはChatOpsがツール間の連携を担っています。

● 実装するAIOpsの概要図例

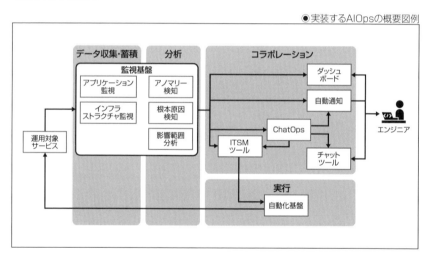

　次にこのような構成をどのような流れで実現していくかを考えます。これを図の領域ごとに**実現する順番**を書き表したのが次ページの図です。

　ここでは**Phase1**としてまずデータ収集・蓄積、分析の仕組みを実装し、次に**Phase2**としてコラボレーションの機能、最後に**Phase3**として実行の機能につなげる流れとしています。ITSMツールとチャットツール、自動化基盤はすでに使っているツールを活用します。

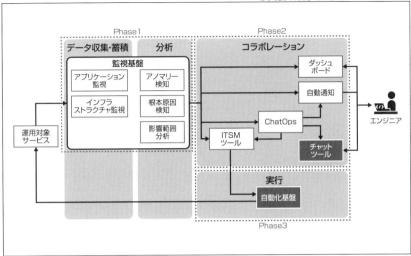

●実装の順序を概要図上で検討した例

さらに実装の流れを実現の**ロードマップ**に落としていきます。このようなロードマップを作成するためには、それぞれ機能を実現する作業にどの程度の**時間と人手**を必要とするのか見積もる必要もあります。

●実装スケジュールの作成例

	1年目				2年目			
	1-3カ月	4-6カ月	7-9カ月	10-12カ月	13-15カ月	16-18カ月	19-21カ月	22-24カ月～
事前調査・計画	現状調査 / 展開計画策定	運用体制準備 / 運用改善計画策定						
データ収集・蓄積、分析の仕組みの導入		監視基盤実装	アノマリー検知	根本原因・影響範囲分析				
コラボレーションの仕組みの導入				ダッシュボード / ChatOps基盤構築 / 通知自動化				
実行の導入と継続的改善				自動化基盤構築	回復処理自動化	継続的改善		

ここでは概要図を描いてロードマップに落とし込むことを紹介しました。実際に検討するときには、具体的な製品やすでに使っている製品とのデータ連携方法、実現のための作業の詳細化や役割分担など考えていくことになります。

さてどのようなタイミングでロードマップを考えるべきなのでしょうか。最後に考えるべきタイミングを説明します。

🔲 いつロードマップを考えるか

例に挙げたような全体の概要図を想定せずに進めると、機能や製品の間の接続に困ったり、機能が重複したりしてしまい、機能拡張や保守が難しくなることがあります。

代表的なタイミングを挙げると、「AIOpsの検討を始めるとき」「はじめに取り掛かる機能を効果検証したとき」「複数機能の統廃合を検討するとき」の3つあります。それぞれのタイミングでメリット、デメリットを見ていきましょう。

◆ AIOpsの検討を始めるとき

メリットとしては、機能の重複が避けられたり、その後のツール間の連携を考えたりするときに整合性がとりやすくなります。AIOpsに関連するIT運用の製品には、機能の重複があります。初期に全体像を整理しておければ、機能の重複も発生しにくく、ツール間のデータ連携も初期から考慮された方法で実装可能です。

デメリットとしては、まだ一機能も試していないので、効果がわからなかったり、製品に対する知識も多くなかったりすることです。そのため、検討に時間を必要としてしまい、なかなかタスクを開始できないことがあります。このデメリットの解消にCHAPTER 05の技術領域を参考に全体像を捉えて、はじめに取り掛かる機能の位置付けを理解することが有用です。

◆ はじめに取り掛かる機能を効果検証したとき

このタイミングでロードマップを考えるメリットは、はじめに取り掛かる機能において、どのようなデータを連携すればよいのか、その機能が次に何に連携するかといった設計や作業を想像しやすくなることです。全体の概要図も描きやすくなります。

デメリットとしては、まだ他の機能についての効果や製品の仕様がわかっていないというところです。この場合もCHAPTER 05を参考に位置付けを明確にして、他の機能がどのように連携が必要となるのか考えておくことでデメリットを解消することができます。

◆ 複数製品の統廃合を検討するとき

　このタイミングでロードマップを考えるメリットは、すでに複数の製品が導入されているため、すべての製品についてある程度の知識がある状態であることです。また、統廃合を検討していることもあり、AIOps全体像が見えていて、課題も見えています。

　デメリットとしては、すでに重複した機能の製品が乱立していたり、システム間連携が難しくなっていたりすることがあります。すでに製品を活用したIT運用が始まっていると、変更するのは難しくなります。このときにもAIOpsの機能領域を見ながら、どの機能の実現においてどの製品に統合するのか、市場や機能の優位性や学習のしやすさなどから検討するとよいでしょう。

　このように実現するAIOpsの全体像を考えるタイミングとして主な3つの時期を紹介しました。前述の通り、検討時期によってそれぞれメリット・デメリットがあります。環境や状況に合わせて、適切な時期を見極めながら全体像を描いていきましょう。

　本書を参考に今は難しいと躊躇せずにAIOps実現に向けての挑戦をしていただけるとうれしいです。

6

AIOpsの実践

本章のまとめ

本章では、AIOpsを実践するための下記について事例とともに学びました。

- 実践の4つのステップ
  - 目標設定
  - あるべき姿の検討
  - 試行・効果測定
  - 展開・継続的改善
- 全体概要図を描き、実現のためのロードマップに落とし込む方法とタイミング

CHAPTER

07

AIOps活用のヒント

▶▶▶ 本章の概要

　前章では、運用現場にAIOpsを適用するステップを見てきました。一方で、実際の運用現場では、AIOpsの活用を進めているにもかかわらず、期待した効果を得ることができないという状況に陥ることがあります。本章では、いくつかの活用事例をもとにAIOpsをうまく使いこなすためのヒントを紹介します。

AIOpsの実践における「つまずき ポイント」と「解決のヒント」

　ここまで紹介したように、実現可能な範囲から具体的な目標を設定し段階的に適用を進めることで、効果を確かめながらAIOps活用を進めることができます。AIOpsの機能を提供する製品は、全般的に導入・実装の「容易さ」を売りにしているものが多く、あまり特殊な制約を持たない限り、実環境への導入・展開で大きな問題が発生することはありません。

　しかし、技術やツールを導入することと実際に現場の運用で活用することは異なります。AIOpsの製品をせっかく導入してみたものの、思ったような効果が出ないという状況に陥ることがあります。

　実際の現場で陥りやすい「**つまずきポイント**」をAIOps実践の流れで見ていくと、たとえば次のようなものがあります。

- あいまい・不明瞭な目標設定（ステップ1：目標設定）
- AIOpsの適用対象を定められない（ステップ2：あるべき姿の検討）
- コスト回収計画を立てることができない（ステップ3：試行・け効果測定）
- 実運用へ適用ができない（ステップ4：展開・継続的改善）

　本章ではそれらに対する「**解決のヒント**」を紹介します。実践の各ステップでこれらのポイントを意識することで、効率的かつ効果的にAIOps活用を進めることができます。

あいまい・不明瞭な目標設定

AIOpsの製品は、ITシステム運用がすでに行われている現場では付加価値的に導入することとなります。そのような現場では、AIOpsがなくても運用は回っています。また、日々発生する業務や問題への対応に追われ、AIOpsによる運用改善の取り組みにまで手が回らず、後回しになるようなケースもあります。

戦略的に導入を進めたにもかかわらず実際には効果が出せていない状態で、ツールが役に立つ日を長期間、待っているような状況になっているような状況での相談も多くあります。

そのため、前章で記載されたように、**実現可能で効果的な目標を立てること**が重要となります。ただ、これは言葉で表す（指示する）のは簡単ですが、実際にはとても難しいタスクです。

AIOpsの活用を確実に進めるために、どのように目標設定を進めればよいでしょうか。ここでは、大きく3つの考え方を説明します。

🧊 解決のヒント：課題ベースで目標設定を行う

実際にAIOpsで解きたい課題がある場合には、その解決を目標に置くことは一番簡単で強力な方法です。たとえば、「サービスで障害が発生してから担当者に通知されるまでの時間が長い」というような**対応時間やリードタイムに関する課題**や、「お客様や他事業部からの依頼への回答の品質にばらつきがあり改善を求められている」などの**スキルや品質に関する課題**などが挙げられます。これらに対しては、「障害回復平均時間の短縮」や「クレームの数の削減」、「依頼後の評価の改善」などのKPIを設定して目標を定めます。

目標設定をする際はビジネスに直結する効果を意識しましょう。現場が明らかに解きたいと思っている課題でも、それがビジネスに結び付くことを説明できることは重要です。ビジネスへの直接的な影響が示しにくい場合でも、解決することでどのようなビジネスへの効果を目指すかを考え、効果として説明できるようにしましょう。

たとえば、CHAPTER 06の例で示した、**アノマリー検知**の機能でシステムの異常を早期に識別して担当者に通知ができるように実装を目指す場合、障害回復までの時間が短くなることで「ビジネス機会の損失を縮小する」ことができます。ECサイトや航空チケットの予約サイトであればサービスの不具合が発生してしまった時間は会社の売上に直結する問題ですし、営業・サービス部門をサポートするシステムの停止も、長時間にわたることで契約取得の機会を逃すことになりかねません。

また、それ以外にも、アノマリー検知機能の中で提供される**ダッシュボード**上で**システムの状況が可視化**されることで、障害検知後の問題判別の時間やワークロードが削減できるという効果に加えて状況把握に必要なスキル習熟が容易になり、**要員育成にかかる時間が短くなる**ことが期待できます。

これにより適材適所な要員配置変更による人の流動性を上げることができ、「**組織の生産性を高める**」ことができます。優秀な古株のエンジニアを事業企画部に参画させるなど、これまで実現が難しかった価値創出策を打てるようになります。

●ビジネスへの効果

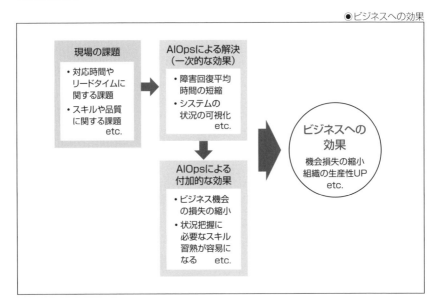

このように、課題ベースで目標設定をする場合には、合わせてビジネスや組織への影響・効果を示すことで**組織の中での優先度**が高まり、取り組みをより確実に進められるようになります。

解決のヒント：組織の戦略として位置付ける

　中・長期的な変革を目指す場合には、部署レベルで実現に向けた計画を立案することが難しいというケースがあります。そのようなケースでは、AIOpsを活用した運用変革を**組織の戦略として位置付ける**ことで強力に前に進めている事例があります。

　経済産業省が発表した「**DXレポート**」やIT運用を専門に行う企業の支援のもと、組織の**IT運用の変革計画**を立てましょう。たとえば、本書で提唱した「**統合データレイクとAIOpsを活用した統合運用プラットフォーム**」の実現を目指す場合、データを集めるデータレイクと、データレイクに情報を集めるための仕組みの実装、さらに、集まった情報を分析してインサイトを提供するAIアプリケーションや、AIと組み合わせて動く自動化エンジンが必要です。また、それらを使用してIT運用を行う**SRE**（Site Reliability Engineer）のチームなど、**自動化の開発・保守でIT運用を行う新しい役割や体制の構築**が必要となります。

　組織の戦略と位置付けることで、異なる業務を担う複数の部門をまたいで取り組みを進めることとなります。特にAIOpsは、取り扱う範囲や情報量が多いほどに力を発揮します。通常は**人力ではできない量のデータを関連付けて高品質に処理すること**は、まさにAIOpsの効果を発揮できる領域です。

　統合運用プラットフォームで提供されるダッシュボードを活用することで、SREはAIが選出した要対応イベントを見て効率的に日々の運用を行うことができます。また、誰でも容易にITシステムの問題におけるサービスへの影響を一目で確認できるようになるので、経営層とアプリ部門、IT基盤部門が共通のプラットフォームで情報連携することができるようになります。これにより、有事のコミュニケーションが円滑になり、システム変更や復旧対応などの対応速度が飛躍的に向上します。

　しかし、これらを実現するためには、組織をまたいで業務・運用のやり方や体制を変える必要があります。IT運用の変革を目標とする場合、特定の現場課題の解決にAIOpsを活用するだけではなく、このように組織の戦略として位置付けることで、革新的な目標を掲げて取り組むことができます。

一方で、現在すでにAIOpsのテクノロジーは、さまざまな製品やサービスとしてすぐに活用が開始できる状態で提供されています。APM（Application Performance Management）のサービスはSaaSでの提供が広まっています。また、統合運用プラットフォームの基本機能を備えたプラットフォームサービスも提供されています。オンプレミスに自らプラットフォームを構築することもできますが、そのような**SaaSやプラットフォームサービスを利用する**ことで、大きな組織戦略目標に対し、体制変革を主軸に**短期的に実現を計画することができる**のも、AIOpsを取り巻く環境の特徴です。

❖ 解決のヒント：AIOpsの適用を検討すべき対象の特徴から考える

AIを活用することで作業量に対して大きな効果が期待できるのは、次のようなユースケースです。

- 繰り返しの作業を多くの対象に実施する場合
- 人手では検索しきれないような大量のデータから、適切な解と判断根拠を得たい場合

繰り返し作業にはシンプルな自動化でも一定の効果を期待できますが、AIを使うことで少々複雑な問題を扱うことができます。また、用途に合わせて適切な分析モデルを組み合わせた多角的な分析を、比較的簡単に活用することができます。　現場の運用業務にAIや自動化を適用して期待した恩恵が得られるかどうかを考える際には、上記のような特徴に当たるのかを考えるのが近道です。ただし、AIや自動化は一度現場運用に適用した後も、一定の維持スキルと工数が必要となります。

そのため、活用する機会が少ないようなケースでは、「品質向上（人間による作業ミス防止）の効果は見込めるものの、作業に対する**総コストは増加する可能性がある**」ことも考慮に入れ、適切な目標選定を進めましょう。

AIOpsの適用対象を定められない

AIOps適用の方針が決まり、いざ実装と評価に進む段階において、次につまずく可能性があるのが**AIOps適用対象の策定**です。はじめに行う目標設定は、特定の作業に対してではなく、ある程度範囲を持たせた目標となることが多くあります。たとえば、障害通知時間の短縮を目標とした場合でも、全システムの障害通知時間の短縮を一度に実現するというよりは、特定の業務領域やシステムコンポーネントに絞って方法を検討する方が、実現可能性が高いケースがあります。

したがって、具体的な「KPIの目標値」や「実現方法」の検討を行う際は、**AIOpsを適用する業務やシステムの領域を定める**ことになります。

一方で、AIOpsの適用領域の決定は効果や評価に直結するため、成果の大きさやひいては取り組み全体の成否に直接影響があります。

では、AIOpsの適用領域の策定に難航してしまった場合、どのように検討を進めたらよいでしょうか。ここでは、実際の事例から比較的取り組みやすい2つの進め方の事例を紹介します。

解決のヒント：PoCを実施する

CHAPTER 06の試行・効果測定のステップで、システム変更のリスク回避や取り組みの迅速化のためにPoC（Proof of Concept）環境を用いた検証を行うことの有効性について説明しました。ここでは、適用領域の決定につまずいた場合におけるPoC活用の有効性を紹介します。

AIOpsの活用を進める際に、計画がうまく立てられなかったり期待通りの成果を得られなかったりする大きな原因の1つは、実は**AIOps製品の使い手のスキル不足**にあります。

AIOpsを扱う製品は導入が簡単なものが多く、製品が提供するガイダンスをもとに実環境への展開を容易に進めることができます。製品を導入すると、さまざまなサンプルダッシュボードが提供され、基盤構成などある程度の情報は自動で取得される製品もあります。

しかし、アプリケーションやトランザクションの**「ビジネス上の重要性」は自動で検出されない**ため、業務要件に即した設定やダッシュボードの構成を行う必要があります。これらの作業は、製品による設定支援の機能やUI（User Interface）により、ある程度、進めやすくはなっているものの、的確に大きな効果を狙うためには使用する製品を扱うスキルが必要です。製品スキルがないと、効果的な適用対象を決めることも難しくなります。

そのようなケースでは、PoCを実施することが有効な手段となります。PoCを行うことで、大きくコストをかける前に、AIOps適用アイデアの実現可能性や効果の検証を行うと同時に、**現場メンバーの製品スキルを向上**させることができます。

AIOpsを効果的に活用するには、製品スキルに加えて**業務システムの理解**が必要です。また、**AIOpsから提供される情報**を読み取る際に、**製品ダッシュボードの見方**に慣れておく必要もあります。もし、AIOps製品の導入を支援する企業の力を借りる場合でも、利用者自身が主体的に活動に参加し、利用する製品を学びながら進めることが重要です。

🔷 解決のヒント：過去の大きな問題で行った対応の自動化を考える

「KPIの目標値」を定めたものの、それを実現するための「実現方法」の検討に難航した場合にも適用対象が定められずタスクが止まってしまうリスクがあります。そのような場合には、過去に発生した大きな問題に対して、「**自分たちがどのような対応を行ったのか**」を考えてみることが有効です。

たとえば、障害発生から原因特定までに時間を要してしまったようなケースがあった場合、実際に**どのような調査の結果、問題の発見や原因特定に至ったのか**を思い出してみましょう。ある製品のタイムアウトメッセージやエラーの増加が障害発生の数日前から見られたような場合、そのログをログ分析の対象とし、アノマリー検知の設定やダッシュボードへのピン留めをしておくことができたらどうでしょうか。障害の**予兆段階で気付く**ことができる可能性があるだけでなく、ヒストリカルな（履歴）データを一覧できることで**障害発生時の早期原因特定**の助けになります。

　障害が発生すると、対応が遅くなるほど回復対応や原状回復のための作業工数が増加します。また、再発防止のための予防策の実装や障害報告書の作成にも時間を要します。障害報告や再発防止に向けた作業計画のための情報収集も、本来であれば実機から関連するログを収集して異常箇所を探す必要がありますが、AIOpsツールを用いると、**調査・分析作業にかかる時間を短縮**することができます。

●AIOpsによる自動化

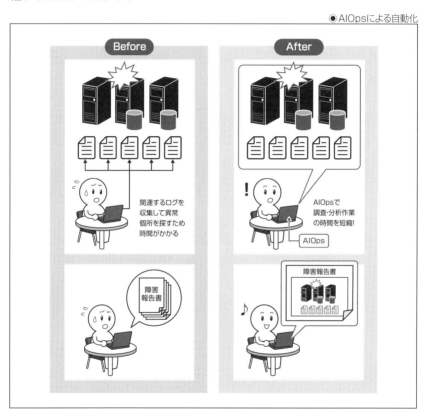

　このように、実際に行った過去のトラブル対応のAIOps化を検討することで、KPI目標を達成するために有効な「実現方法」の具体化を進めることができます。

7

AIOps活用のヒント

コスト回収計画を立てることが
できない

　ある程度、適切に「目標設定」や「あるべき姿の検討」ができていれば、「試行・効果測定」のステップは比較的スムーズに進めることができるでしょう。

　もし、ここでタスクの進捗が停滞してしまう場合は、先に触れた**「業務知識」と「製品スキル」のどちらかが不足**しているか、**試行・効果測定を行うためのワークロードを十分に割いていない**ことが原因に挙げられます。特に、外部ベンダーの力を借りる場合、利用者が必要な「業務知識」をインプットしないと、製品の表面的な設定しか行われないことで期待される効果を十分に得ることができず、最終的に利用を断念することとなってしまうようなケースもあります。

　また、**誤った観点で効果測定を行ってしまう**こともタスクの停滞につながります。ビジネスオーナーへの報告やその中での指摘で説明に詰まってしまい、ビジネス戦略に成果を反映できなければ意味がありません。

　試行・効果測定はどのように進めればよいのでしょうか。

🔷 解決のヒント：効果の刈り取りを意識しながらタスクを進める

　AIOpsや運用管理ツールを導入する際には、現場メンバーはつい機能が正しく動くことに注力して導入・検証を進めてしまうことが多くなります。AIOpsのツールは、興味深い技術や考え方が多く使われており、技術者としてはそれらが手軽に使え、実運用に活用できることに喜びを感じ、夢中になってしまいがちです。

　そのため、どこから効果を刈り取ることができるのか、ビジネス・コスト観点での効果を説明できるように考えながらタスクを進めるようにしましょう。

　技術的な実装効果の測定だけを目標とするのではなく、**はじめに設定したビジネス目標**を意識しながら試行・効果測定を行うことで、適用したAIOpsの製品により副次的に期待できる効果をコスト回収計画に含めたり、次の展開計画のアイディアとして追加したりすることで、AIOps製品の活用の幅を広げることにもつながります。

実運用へ適用ができない

　AIOpsの製品の試行と効果測定を進めても、実際の運用で活用をしないと意味がありません。

　実は、検証を進めて期待された効果が確認されたとしても、結局実運用に組み込まれないままとなってしまうケースがあります。なぜ、そこまで進んでいるにもかかわらず活用ができないのでしょうか。それには、いくつかの要因が考えられます。それぞれに対する解決に向けたヒントを紹介します。

🔹 解決のヒント：実適用に向けた目標を定めAIOpsの展開を継続する

　実運用での活用を開始できない要因の1つは、創出される効果がまだ小さすぎることです。特に、AIOpsの主たる適用目標にコスト削減を掲げている場合には、ここでつまずいてしまうことがあります。その場合の解決方法の1つは、効果が十分に大きくなるまでAIOpsの適用を広げていくことです。

　新しいオペレーションを実際に開始するためには、オペレーションを回すために一定の**初期コストや運用上のオーバーヘッド**が必要となります。新しいオペレーションの手順や運用フローを準備したり、利用者への習熟や必要なツールへのアクセス管理を行う必要があります。これらには一定のコストが必要です。

　逆に、計画段階で、このようなオーバーヘッドの大きさを踏まえて目標設定を行うということも1つの方法です。AIOpsの目標はコスト削減だけではありませんが、**達成される目標はかけるコストに見合うものである**必要があります。もともと解決したい目標が大きいものでなく横展開も大きく望めないような場合は、安価でなるべく手間のかからない実装手段を選択することも計画段階で必要な判断となります。

　「ある程度の規模」の単純作業が適用対象とできない場合には、AIや自動化の適用で総業務量を減らすことは難しいケースもあります。複雑な業務にAIを適用する場合には、AIを維持メンテナンスするための新たなスキルと仕事が増えます。一方で、**サービス品質の向上**や**現場の知見の維持**は容易になります。

　何をAIOps適用の目標とするのか、**コスト削減だけにとらわれず**に考えることも重要です。

🔷 解決のヒント：AIの動作を正しく理解する

AIOpsを活用するためには、**AIの動作を理解する**ことが重要です。適用したAIの動作を正しく理解していないと、システムにAIOpsを導入し情報が得られるようになっているのに、実際の業務に活用できない、といった状況に陥ってしまう可能性があります。ここでポイントとなるのが、**AIの透明性（トランスペアレンシー）**の重要性です。

AIがもし、「使い手には理解できない高尚な知見によって、素晴らしい最適な解を出してくれる」ものであるとするのであれば、それは朝のニュースで楽しみにしている「運勢占い」を見ているのと同じ価値しかありません。重要なシステムの運用で、占い（根拠を理解していないアドバイス＝透明性がない状態）をもとに対応判断を行うことができる人はいないと思います。

もし、根拠を理解していないアドバイスを採用した結果として問題が起きてしまった場合、次に同様のアドバイスを採用して問題がないことを上位者や顧客に説明ができなくなります。結果として、そのAIは実運用で使うことができなくなってしまいます。同様に、その発展形であるAIと障害回復の自動化を連携させることなども難しくなります。

AIを正しく活用するためには、**AIに透明性を持たせる**ことが重要です。AIから知見を得るようなプログラムにおいて、AIが携えている膨大なデータを人間が把握している必要はありません。また、詳細な情報分析アルゴリズムもエンドユーザーが知っている必要はないでしょう。

ただし、AIから提供された結果を見たときに、**なぜその結果となったのかを使い手が理解し納得できる**ことが重要です。人間が処理しきれない大量のデータを分析し、「結果」と「根拠」を可視化して使い手に提供されている形は、AI活用における良好な関係性です。

多くのAIOps製品は、それぞれが出した「結果」に対する「根拠」を示すことに力を入れています。また、**Explainable AI**のように、AIの**判断根拠をユーザーにわかりやすく提示することを支援する**サービスも存在しています。

実運用にAIOpsを活用する際には、このように「根拠」を理解することも重要な要素となるので、意識して実装を行いましょう。

本章のまとめ

本章では下記について学びました。

- AIOpsを実践する際に起こりやすいつまずきポイントと、それらに対する解決のヒント
  - 「あいまい・不明瞭な目標設定」に対する解決のヒント
  - 「AIOpsの適用対象を定められない」ことに対する解決のヒント
  - 「コスト回収計画を立てることができない」ことに対する解決のヒント
  - 「実運用へ適用ができない」ことに対する解決のヒント

CHAPTER

08

AIOpsが拓く
近未来の運用

>> **本章の概要**

　この章では近未来のITにおいてAIOpsが果たす役割を考察します。

近未来のITと自律化

　デジタルトランスフォーメーションによってITと人は関係がより密接になっています。人々はスマートフォンを持ち、いつでもどこでもシームレスに企業からのサービスを受けられます。遠隔地医療や空調制御、車の自動運転などITの稼働が人命に直接的に関わるようにもなってきました。仕事をするということにおいてもコロナ禍以降で重要性が急速に変化しました。ITによる支援がなければリモートワークもままなりません。日本が目指す**Society 5.0**の実現もITなしには成り立ちません。

●Society 5.0

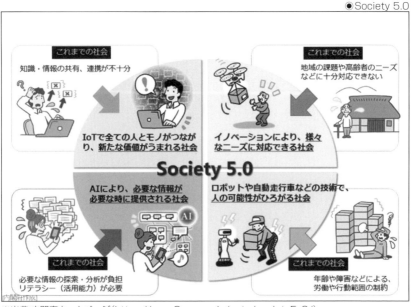

※出典:内閣府ホームページ(https://www8.cao.go.jp/cstp/society5_0/)

　このような近未来において、ITによるサービスが正常に稼働することの必要性は増すばかりです。障害やセキュリティ事故が企業の信頼を損なうだけでなく、人命にも影響していきます。このような状況においてIT運用は自動化による効率化だけではなく、状況を把握して自動的に対処して正常稼働を継続する自律化が求められます。このときエンジニアの介入や判断は最小限となります。

8 AIOpsが拓く近未来の運用

　本章までに紹介した技術も自律化のための見える化であったり、最適化であったり、自動化であったりと自律化のための要素技術と見なすことができます。

●AI活用のレベル

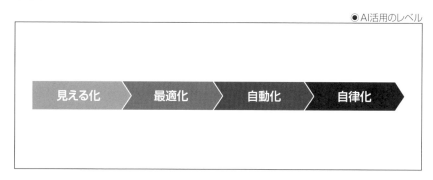

　自律化を果たしたIT運用の現場では、サービスの変更・追加の依頼、エンジニアの運用作業のやり方が大きく変わります。

　これまで新しいITサービスを要求するときにはビジネス課題からシステム要件を整理し、既存ITへの変更をしたり、新しい機能を追加したりしてきました。現時点ではこの要求対応の過程の多くを人が担っています。今後はデジタルなインターフェイス、たとえばアバターに対してビジネス課題をインプットすることにより新しいサービスの提案や実装を最小限の人手で実現するようになるかもしれません。

　運用作業のやり方も変わります。運用するITサービスとコンポーネント間の関係、利用状況が把握されていることにより、あるコンポーネントの変更の影響を予測することが可能となります。今でも過去の変更作業結果をもとに、実施予定の変更リスクを予測するツールがありますが、今後は依存関係といったデータをもとに変更結果をシミュレートすることが可能となります。ITサービスの**デジタルツイン化**ともいえます。

8

AIOpsが拓く近未来の運用

143

1
2
3
4
5
6
7

8
AIOpsが拓く近未来の運用

COLUMN
デジタルツイン

　デジタルツインは、現実世界の双子のような世界をデジタル上で構築して、モニタリングやシミュレーションを可能にする仕組みです。2002年に米国ミシガン大学のマイケル・グリーブス氏により提唱されました。生産設備や工場は、実際に変更を試すことが難しいですが、IoTやセンサーの発展によりデジタル上に現状をリアルタイムに再現して分析したり変更を試したりして、保守の生産性の向上や機能改善を短いリードタイムで実現することが期待されています。

　シミュレートした変更を安全に自動リリースすることでエンジニアは夜間の待機からも解放されます。問題があったときには自己修復、あるいは自動的にフォールバックされます。ただAIで対処できない、あるいは判断できない問題が発生した場合、エンジニアが呼ばれることになります。そのときにもエンジニアの判断を支援する情報をAIが提示します。

持続可能性への貢献

　デジタルトランスフォーメーション(DX)によりデータセンターの電力消費量は急増しています。科学技術振興機構(JST)によると国内のIT関連の消費電力量は2030年に2016年の約30倍となることが見込まれています。

　一方で日本を含む125カ国・地域以上が、2050年までのカーボンニュートラル(温暖化ガス実質排出ゼロ)を表明しています。ITの重要性が増して人々の生活を支えていく一方で、消費電力の低減は社会的な課題と考えられます。

- 低炭素社会の実現に向けた技術および経済・社会の定量的シナリオに基づくイノベーション政策立案のための提案書

　　URL https://www.jst.go.jp/lcs/proposals/fy2018-pp-15.html

　この課題に対してCPU、ストレージ、メモリなどの低電力化とともに、**データセンターにおける電力消費の可視化と最小化がAIOpsによって実現する可能性**があります。データセンター、電源装置、ラック、ハードウェアなどで電力消費量を収集することは現時点でも実現できます。また、データセンター内の熱量もセンサーにより取得してモニタリングしています。稼働するサーバーの配置や負荷にあわせたサーバー台数の増加や削減も、仮想化やコンテナオーケストレーションの機能で制御できます。

　これらの消費電力や熱量のデータをもとにシステムのキャパシティやサーバーの稼働場所、さらに空調を制御することにより、サーバー稼働の効率化や空調の電力消費の最小化も可能になります。

●データセンターにおけるAIOpsの活用

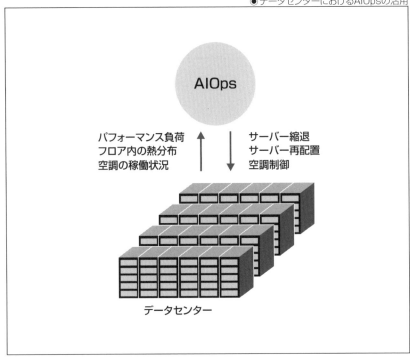

このようにグリーンなデータセンター内のシステム稼働をAIOpsが自動・自律的に管理し、消費電力量を最適化することにより、持続可能性への貢献が可能となります。

ビジネスとIT運用の一体化

　従来のIT運用は安定的な運用はもちろんですが、コストセンターとしていかに掛かるコストを最小化するかという目で見られてきました。しかしながら技術や競合他社の急速な変化、迫られる不安定な情勢に対応するために、ITサービスも柔軟・迅速に対応していく、あるいは先んじて変化を捉えていくことが求められます。

　Stable Diffusionなどの描画AIは少ないキーワードですぐに絵を描いてくれます。その進化と表現力には目を見張るばかりです。このようなAIの発展はアイディアを形にするまでの人のスピードを劇的に短縮してくれます。同じようにビジネスの変化に対してITの変更もAIにより迅速化することが考えられます。その変更リスクの評価のシミュレーションも142ページで述べた通りAIにて実施可能です。

　このように変化するビジネスの要望を伝えることでITが柔軟に、そして迅速に対応できるでしょう。簡単なビジネスのアイディアを伝えれば、意図を解釈した変更をAIOpsが実現する世界もすぐそこにあります。

　AIOpsが収集するデータはビジネス状況の変化もとらえます。APM（Application Performance Monitoring）はアプリケーションに対するユーザーの使われ方をリアルユーザーモニタリングとして収集します。そのデータをビジネスデータと紐付けて分析することができますし、インフラストラクチャのメトリクスと紐づけることができます。このようなデータを使ってビジネスの変化を捉えるようになるとIT運用のミッションはよりビジネスに直結したものとなります。

　なお、このようにIT運用の役割が大きく変わることを進めるために、目標を組織で共有しておくことが大事です。このときに参考になるのがピーター・F・ドラッカーの提唱したミッション・ビジョン・バリューの考え方です。この考え方で組織がどうありたいか、そのためにどんな能力や手段が必要か、ということを組織全員で議論して宣言します。この宣言は、組織の活性化や変革に行き詰まった際に原点に立ち返ってそれらの障壁を乗り越える情熱を取り戻すことに使います。

●IT運用のミッション、ビジョン、バリューの例

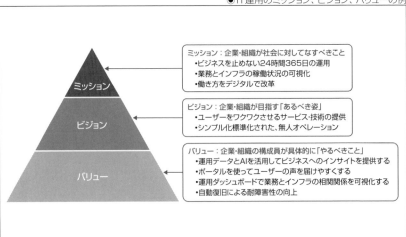

8 AIOpsが拓く近未来の運用

本章のまとめ

　本章では、近未来のIT運用に貢献するAIOpsとして下記について学びました。

- 重要度の増すITに対して自律的なIT運用を実現
- 持続可能性への貢献としてデータセンターの消費電力の最適化の制御の実現
- ビジネスの変化を捉えて柔軟・迅速に追随するIT運用を実現

　ここで紹介した考察以上のさらなる活用の発展や進化への挑戦も楽しみにしています。

8

AIOpsが拓く近未来の運用

おわりに

　本書では、AIを活用して運用データを分析し、IT運用の効率化・高度化を実現させるAIOpsについて基礎から解説してきました。

　CHAPTER 01からCHAPTER 03では、AIOpsの定義やハイブリッド・マルチクラウド時代における運用の重要性や課題、あるべき姿について解説しました。特に現代のIT部門は、従来通りミスのない安定的な運用を求められながらも、ビジネスへのインサイトとなる情報の提供が求められるようになってきています。その実現のために、AIによるデータ分析と自動化による品質向上・効率化を行っていくことが重要であることを提言しました。

　CHAPTER 04では、ハイブリッド・マルチクラウド時代におけるIT運用の要件となっている「信頼できる」「オープン」「グリーン」「働き方改革」に対して、AIOpsを活用して取り組まれた先進的なお客さまの事例を紹介しました。

　CHAPTER 05では、CHAPTER 04の事例で用いたAIの技術やアルゴリズムの解説を行いました。
　また、続くCHAPTER 06とCHAPTER 07では、AIOpsの実践手法と、取り組む中でつまずきやすいポイントとそれらに対する解決のヒントについて解説しました。早期の評価やスキル獲得のためのPoC活用や、小さく初めて適用範囲を広げていくアプローチで、最終的に「信頼できる」「オープン」「グリーン」「働き方改革」を実現する流れを説明しました。

　CHAPTER 08では、今後AIOpsの技術がますます進化していくことによって、運用がどのように変化していくかという展望について考察しました。

　本書では、AIOpsをまったくご存知ない方や、運用業務について習熟していない方にも、基礎からわかりやすく学べるよう解説してきました。本書は、入門書として執筆したため、AI技術の詳細や、具体的なAIOpsダッシュボードの読み方などには踏み込んではおりませんが、「AIOpsって面白そう」「AIOpsのツールを使った運用改善に取り組んでみようか」などと思っていた

だくきっかけになれば、これほど嬉しいことはありません。

　ここで、AIの先駆者であるマサチューセッツ工科大学 AI LabのPatrick Winston氏の言葉を引用させていただきます。

Today's AI is about new ways of connecting people to computers, people to knowledge, people to the physical world, and people to people.
（AIとは、人とコンピューター、人と知識、人と物理世界、人と人をつなぐ新しい方法です。）

Patrick Winston, MIT AI Lab, 1997

※出典 :https://stottlerhenke.com/artificial-intelligence/quotations/

　我々は、AIに身構えるのではなく、便利なツールを使うぐらいの気持ちでAIに接していけばよいのだと思います。
　そして、AIが多かれ少なかれ浸透していく世の中において、いかにAIをIT運用の中で活用していくかは、それを担う我々に任されているのです。

　最後に、本書は多くの方々の協力を得て執筆することができました。新しい運用に向けて議論を重ねてきた同僚、プロジェクトメンバー、貴重なご意見をくださったお客さま、編集者の皆さま、ともすれば固くなりがちな文章に和やかなイラストを添えていただいたイラスト原案者とイラストレーターさま、そして日々の生活の中で執筆活動を暖かく支援してくれた家族に感謝のことばを贈ります。本書が読者の皆さまのAIOpsによる運用変革の一助となることを願っております。

2022年12月

著者一同

索引

A

Actionable Insights ·················· 17
ActiveGate ·························· 107
AI ································ 14
AIOps ····················· 14,16,24,56
Alerting Profile ··················· 116
Ansible ··························· 87
Ansible Playbook ·················· 84
Apache Solr ······················ 63
APIゲートウェイ ··················· 87
APM ························· 60,132
APM and Observability ·············· 99
Application Performance
　Management ················ 60,132
Application Server ················· 59
Artificial Intelligence for IT Operations
································ 14
Automation ······················ 84

B

BMC Remedy ····················· 87

C

ChatOps ······················ 69,88
CI/CDツール ······················ 85
Cloud Security Posture Management
································ 77
CPU使用率 ······················ 57
cron ····························· 61
CSPM ··························· 77

D

Datadog ···················· 71,73,99
Davis AI ······················ 99,120
Discrete Values ·················· 65
DX ···························· 145
DXレポート ······················ 131
Dynatrace ······· 61,71,74,81,99,107

E

Elasticsearch ····················· 63
ETL ···························· 61
EventLog ························· 58
Explainable AI ··················· 138
Extract-Transform-Load ············ 61

F

Fault Tree Analysis ················ 72
Finite Domain ···················· 65
Flatline ·························· 65
Fluentd ·························· 61
FTA ···························· 72

G

GitHub ·························· 84
Grafana Loki ····················· 63
Granger ························· 65

H

HTTP(API) ······················ 84

I

IaaS ························· 36,37
IBM Watson AIOps ·············· 69,76
InfluxDB ························· 63
Infrastructure as a Service ········ 36,37
Invariant ························· 65
Isolation Tree/Forest ············· 66,68
IT ····························· 22
ITIL ···························· 33
IT Service Management ············· 59
ITSM ··························· 59
ITSMツール ······················ 87
IT運用 ····················· 14,22,30
IT運用の変遷 ····················· 34
IT運用部門 ······················ 25
IT運用プロセス ·················· 31,33
IT障害 ·························· 23

J

Java DataBase Connectivity ·········· 60
JDBC ·········· 60
Jenkins ·········· 87
JSON形式 ·········· 62

K

Key Performance Indicator ········ 59,96
k-means ·········· 68,72
KPI ·········· 59,96
Kubernetes ·········· 59

L

Logstash ·········· 61,62

M

Message Queueing Telemetry
    Transport ·········· 60
MQTT ·········· 60

N

New Relic ·········· 99

O

Observability Pipeline ·········· 62
OneAgent ·········· 61,110
OS ·········· 59

P

PaaS ·········· 37
ping監視 ·········· 61
Platform as a Service ·········· 37
PoC ·········· 101,133
Predominant Range ·········· 65
Problem Notification ·········· 117
Prometheus ·········· 63
Proof of Concept ·········· 101,133

R

RDB ·········· 59,63
Relational DataBase ·········· 63
REST API ·········· 60
Robust Bounds ·········· 65,66
Ruby stack trace ·········· 58

S

SaaS ·········· 36,37
Script/Command ·········· 84
ServiceNow ·········· 87
Simple Network Management
    Protocol ·········· 60
Site Reliability Engineer ·········· 131
Slack ·········· 107,117
SMAX ·········· 87
SNMP ·········· 60
Society 5.0 ·········· 142
Software as a Service ·········· 36,37
Splunk ·········· 63,80
SQL文 ·········· 59
SRE ·········· 131
syslog ·········· 61
syslogプロトコル ·········· 60

T

Tekton ·········· 87
Terraform ·········· 87
Time Series DataBase ·········· 63
TSDB ·········· 63

U

UiPath ·········· 87

V

Variant ·········· 65
vCenter ·········· 59

W

Webhook ································ 60,117

Z

Zabbix ································ 61
Zabbixエージェント ····················· 61
Zabbixサーバー ······················· 47

あ行

アクセスログ ························· 16,57
アノマリー ·························· 17,24
アノマリー検知 ··· 64,67,98,103,107,130
アプリケーション ······················ 59
アプリケーション脆弱性検知 ·············· 77
アラート ···························· 16
アルゴリズム ·························· 41
あるべき姿の検討 ······················ 97
意思決定支援 ························· 79
異常 ······························ 71
異常行動の振る舞い検知 ················ 78
依存関係 ···························· 70
一次対応 ···························· 82
イベント ···························· 58
イベント相関 ························· 52
インシデント管理 ······················ 31
インシデント管理業務 ·················· 96
インシデント管理ツール ················· 17
インフラストラクチャ ···················· 59
運用 ······························ 30
運用SE ···························· 25
運用オペレータ ························ 25
運用改善 ···························· 94
影響範囲分析 ························· 73
エージェント ························· 61
大型汎用機 ··························· 34
大型汎用機集中処理アーキテクチャ ········ 34
オープン ··························· 40,47
オブジェクトストア ····················· 63
オペレーションミス ····················· 24
重み付け ···························· 79
オンプレミス分散アーキテクチャ ·········· 35

か行

カーボンニュートラル ······················ 145
回帰分析 ························· 66,68,72
解決のヒント ························· 128
開発者支援機能 ······················ 99
回復アクション ························ 82
可観測性 ···························· 36
可視化 ···························· 49,81
加重移動平均 ······················· 66,68
課題 ······························ 129
可用性 ····························· 31
監視 ······························ 47
監視ツール ······················ 16,39,61
管理業務 ···························· 96
管理範囲 ···························· 37
機械学習 ···························· 15
起動停止 ···························· 58
機能領域 ···························· 56
基本設計 ···························· 101
キャパシティ ························· 96
業務知識 ···························· 136
クエリエンジン ······················ 49,63
区間推定 ························· 66,68
クラウド ···························· 37
クラウドサービス ······················ 16
クラスター分析 ··················· 66,68,72
クラスタリング ························ 72
グリーン ··························· 40,47
ケーパビリティ ························ 31
構成情報 ···························· 58
コスト削減 ··························· 137
コラボレーション ···················· 56,87
根本原因分析 ························· 71

さ行

サーバー ···························· 59
サービスレベル ························ 31
時系列データベース ···················· 63
試行・効果測定 ······················ 102
システム ···························· 31
自然言語ログアノマリー検知処理 ·········· 67
実行 ······························ 56,79
自動化ツール ························· 87
自動処理 ···························· 82

重要業績評価指標······························· 59
障害アラート ································· 17
障害対応··································· 31
消費電力··································· 41
情報収集································· 82,83
初期コスト································ 137
人工知能··································· 14
人材不足··································· 17
診断アクション ····························· 82
診断/回復アクション ························· 82
信頼性····································· 47
信頼できる································· 40
推奨アクション ····························· 75
推奨策····································· 17
垂直トポロジー ····························· 70
水平トポロジー ····························· 70
数値······································· 16
数理モデル································· 16
スキル·································· 129,136
スキル不足································ 133
ステータスコード ··························· 57
ストーリー ······························ 52,75
ストリーム処理 ····························· 61
ストレージ ································· 59
スモールスタート ·························· 102
セキュリティ分析 ··························· 77
早期原因特定······························ 134
総コスト·································· 132
組織······································· 31
ソフトウェアエラー ························· 58

た行

対応策実施································· 83
対応時間·································· 129
タイムスタンプ ····························· 57
ダッシュボード ······················ 88,99,130
多変量解析································· 41
単変量解析································· 41
チケット··································· 58
チケット起票······························ 84
チャット··································· 58
チャットツール ····························· 88
通信障害··································· 23
通知···································· 60,107

ツール····································· 31
つまずきポイント ·························· 128
定期ジョブ ································· 61
提供時間··································· 31
テイクオーバー ····························· 58
データ····································· 31
データ収集································ 57,60
データ収集・蓄積 ························ 56,57
データ種別································· 57
データセンター ····························· 35
データセンター集中運用 ····················· 34
データソース······························ 57,59
データ蓄積································ 57,63
データレイク ······························ 17
テキスト··································· 16
テキストマイニング ························· 68
適用対象·································· 133
デジタルツイン ························· 143,144
デジタルトランスフォーメーション ······· 145
展開計画·································· 105
展開・継続的改善 ·························· 105
統計手法··································· 49
統計的ベースライン処理 ···················· 67,68
統合ダッシュボード ························· 41
統合データレイク ·························· 41,48
透明性···································· 138
特化型AI ·································· 14
トポロジー ···························· 52,58,70
トライアルライセンス ······················ 104
トランスペアレンシー ······················ 138
トレース··································· 58

な行

二次データ································· 60
日本語····································· 17
ネットワーク機器 ··························· 59
能力······································· 31

は行

ハイブリッドクラウド ······················· 38
ハイブリッド・マルチクラウド ··········· 38,39
ハイブリッド・マルチクラウドアーキテクチャ
································· 36

ハイブリッド・マルチクラウド運用 ………… 36
パターンマッチング …………………… 72
働き方………………………………………… 50
パフォーマンス ………………………… 96
パフォーマンスデータ ………………… 16
ばらつき ……………………………………… 39
汎用的AI ……………………………………… 14
非機能的評価………………………………… 101
非機能要求 ………………………………… 30
ビジネス戦略 ……………………………… 16
評価………………………………………… 102
標準機能 …………………………………… 60
標準偏差 ………………………… 66,68,72
品質………………………………………… 129
輻輳………………………………………… 23
プロセスモデル …………………………… 32
プロセスリファレンス …………………… 32
プロブレム ………………………………… 71
分散………………………………… 66,68,72
分散運用……………………………………… 35
分散化………………………………………… 35
分析…………………………………… 56,64
分析/対応策立案 ………………………… 83
ベースライン ……………………………… 17
変更監視……………………………………… 77
報告書………………………………………… 16

ま行

マルチクラウド …………………………… 38
ミドルウェア ……………………………… 59
メインフレーム …………………………… 34
メトリクス ………………………… 57,64
メトリクスアノマリー…………………… 49
目標設定…………………………… 96,129
モニタリング ……………………………… 98

や行

役割………………………………………… 31
ユーザー……………………………………… 59
優先度………………………………………… 130
要求工学……………………………………… 30
予兆段階……………………………………… 134

ら行

ランブック自動化 ………………… 41,51,84
リアルタイムエラー解析 ………………… 99
リードタイム ……………………………… 129
リリースツール …………………………… 87
類似インシデント ………………… 52,75
レスポンス ………………………………… 31
連携………………………………………… 87
ロードマップ ………………………… 121,123
ログ………………………………… 16,57,67
ログアノマリー …………………………… 49
ログ収集管理ツール ……………… 49,61
ログ収集サーバー ………………………… 61

わ行

ワークロード ……………………………… 136

■監修者紹介

さわはし まつお
澤橋 松王

1991年東京電機大学卒業後、日本アイ・ビー・エム株式会社入社。2019年に技術理事就任。2021年9月よりキンドリルジャパン株式会社執行役員最高技術責任者テクノロジーイノベーション本部本部長。主な著作に『カオスエンジニアリング入門』『クラウドネイティブセキュリティ入門』『OpenShift徹底活用ガイド』『OpenStack徹底活用テクニックガイド』(共に、共著、シーアンドアール研究所)がある。TOGAF9認定アーキテクト。一般社団法人日本情報システム・ユーザー協会非常勤講師。公益財団法人ボーイスカウト日本連盟所属。

■著者紹介

ますだ
増田 みさお

日本アイ・ビー・エム株式会社入社後、三十数年に渡り運用管理のエキスパートとして、数百社のお客様の運用高度化コンサルティング、大規模運用システム構築、統合運用ポータルによる自動化の推進。2025年崖とも言われる少子高齢化による技術者の不足を前に、人の経験に頼る運用への限界を感じ、AIOpsを活用したNo-Opsアーキテクチャを考案し、運用コスト削減、魅力的な職場への変革をリード中。2021年キンドリルジャパン株式会社へ移籍。ITIL Expert。

りゅう こうぎ
劉 功義

2006年日本アイ・ビー・エム株式会社。社内システムのシステム構築、運用を経て、アウトソーシングのお客様に対するクラウドサービス、運用自動化、監視高度化やSRE(Site Reliability Engineering)の適用プロジェクトに従事。2021年にキンドリルジャパン株式会社に移籍し、プリンシパルアーキテクトとして、オブザーバビリティ、データ&AI領域のビジネス開発を担当。情報処理学会、品質管理学会、プロジェクトマネジメント学会、経営工学会等各会員。工学博士、The Open Group Distinguished Architect、PMP。

ばん としひで
伴 俊秀

1991年日本アイ・ビー・エム株式会社。監視やジョブ管理を中心にシステム管理分野での技術支援やプロジェクトでの設計・構築を実施。近年は、インフラ運用設計や運用プロセス改善に携わり、ITサービス管理の価値をお客様に提供するための取り組みを行っている。2021年キンドリルジャパン株式会社へ移籍。ITIL Expert、Certified Scrum Master、Certified Scrum Product Owner。

やまだ だいすけ
山田 大輔

2007年早稲田大学大学院CS学科修了後、日本アイ・ビー・エム株式会社入社。ITアーキテクトとして従事し、80社を超えるアウトソーシングのお客様に対する監視・自動化のシステムの設計・構築・運用に携わる。2015年よりクラウドの最新動向を調査し、クラウド提案手法を検討する社内コミュニティをリード。2021年9月よりキンドリルジャパン株式会社へ、データ&AI領域の提案・構築を担当。Google Cloud Professional Data Engineer、Professional Cloud Architect、ITIL Foundation、情報処理安全確保支援士。

編集担当 ： 吉成明久 / カバーデザイン ： 秋田勘助（オフィス・エドモント）
イラスト原案(本文の一部)：MIN

AIOps入門

2023年2月1日　　　初版発行

監修者	澤橋松王
著　者	増田みさお、劉功義、伴俊秀、山田大輔
発行者	池田武人
発行所	株式会社　シーアンドアール研究所
	新潟県新潟市北区西名目所4083-6（〒950-3122）
	電話　025-259-4293　　FAX　025-258-2801
印刷所	株式会社　ルナテック

ISBN978-4-86354-404-8　C3055